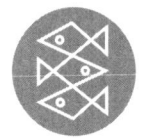

Dr. Dr. Gert Mittring, 1966 in Stuttgart geboren, studierte Informatik, Pädagogik und Psychologie. Der achtfache Weltmeister im Kopfrechnen (Mind Sports Olympiad) leitet zahlreiche Workshops für Schüler, Lehrer und Unternehmer, war Mitveranstalter der Weltmeisterschaft im Kopfrechnen für Schülerinnen und Schüler 2008 und 2011 und Leiter der Deutschen Meisterschaft im Kopfrechen für Kinder und Jugendliche 2009 und 2011. Er führt begabungspsychologische Untersuchungen und Beratungen durch und ist in zahlreichen wissenschaftlichen Verbänden und Gremien tätig.

Unsere Adresse im Internet: www.fischerverlage.de

Dr. Dr. Gert Mittring

Rechnen mit dem Weltmeister

Mathematik und Gedächtnistraining
für den Alltag

Fischer Taschenbuch Verlag

MIX
Papier aus verantwor-
tungsvollen Quellen
FSC® C083411

3. Auflage: November 2011

Originalausgabe
Veröffentlicht im Fischer Taschenbuch Verlag,
einem Unternehmen der S. Fischer Verlag GmbH,
Frankfurt am Main, Oktober 2011

© S. Fischer Verlag GmbH, Frankfurt am Main 2011
Illustrationen: Anja Stöppler, Frankfurt am Main
Satz: fotosatz griesheim GmbH
Druck und Bindung: CPI – Clausen & Bosse, Leck
Printed in Germany
ISBN 978-3-596-18989-2

Inhalt

Warum Kopfrechnen?

Schon vor meinem vierten Lebensjahr hatte ich mich Hals über Kopf in die Zahlen verliebt. Der Zahlenraum bis 1 000 war mein Spielplatz, die vier Grundrechenarten dienten mir als Rutsche, Schaukel, Wippe und Sandkasten. Wie es aber genau anfing mit mir und den Zahlen, daran kann ich mich ebenso wenig erinnern wie an meine ersten Gehversuche. Auf jeden Fall war es mir schon als Kind ein regelrechtes Bedürfnis, möglichst viele Dinge mit Zahlen in Verbindung zu bringen. Wenn ich zum Kindergarten aufbrach, wollte ich beispielsweise immer genau wissen, nach wie vielen Minuten ich wieder zurückdurfte. Meine Eltern berichten sogar, dass ich bereits eine Vorstellung von Mengen und Relationen hatte, ehe ich sprechen konnte.

In der Grundschule sollte meine Klasse einmal 24 Mathe-Aufgaben in einer Stunde lösen. Für jede Aufgabe mussten wir ein entsprechend nummeriertes Plättchen an eine bestimmte Stelle in einem Kästchen platzieren. Die Rückseite der Plättchen war rot, grün oder blau. Wenn alle Aufgaben korrekt gelöst waren und die Plättchen richtig lagen, ergab sich nach Umdrehen des Kästchens ein farbiges geometrisches Muster. Nach einer Minute hatte ich alle 24 Aufgaben gelöst und das Kästchen gewendet. Dann fiel mir nichts mehr ein, womit ich mich die restlichen 44 Minuten beschäftigen konnte. Als ich versuchte, die Mitschüler abzulenken und den Lehrer zu ärgern, erhielt ich einige Zusatzaufgabenblätter. Aber auch diese hatte ich innerhalb weniger Minuten komplett bearbeitet. Bis zu diesem Tag hatte ich meine

Rechenfähigkeiten für völlig normal gehalten. Ich war selbstverständlich davon ausgegangen, dass alle so rechnen konnten und so viel Spaß daran hatten wie ich.

Für mich sind Zahlen etwas Wunderbares. Ich sehe sie als zuverlässige Begleiter, mit denen ich gemütlich in einer Kneipe sitzen könnte oder denen ich in schwierigen Situationen mein Herz ausschütte, mit dem Wissen, dass sie mich verstehen und mir Rückhalt und Unterstützung geben werden.

Mit diesem Buch möchte ich auch Sie für meine Leidenschaft, die Zahlen und das Rechnen, begeistern. Falls Ihre Beziehung zu Zahlen bisher eher kühl war, dann lassen Sie mich Ihnen zeigen, dass Sie nicht nur rechnen können, sondern dass es Ihnen sogar Spaß machen wird. Vielleicht entdecken Sie schlummernde Rechenpotentiale in sich, von denen Sie bisher nichts wussten.

Wie kann ich mir so sicher sein, dass auch Sie rechnen können? Weil ein intuitives Grundverständnis für Mathematik uns Menschen genauso angeboren ist wie die Sprachfähigkeit. Laut Neuropsychologen ist das Verständnis für Mengen und numerische Operationen sogar schon im Embryo angelegt. Wenn jemand Mathe nicht mag oder glaubt, mathematisch unbegabt zu sein, so hat das in der Regel eine äußerliche Ursache, und diese Ursache ist bei fast jedem die Schule. Viele Menschen beginnen im Laufe ihrer Schulkarriere ihre eigenen Fähigkeiten anzuzweifeln. Manche entwickeln sogar eine regelrechte Mathephobie. Im nächsten Kapitel werde ich näher auf dieses Thema eingehen und zeigen, was man gegen eine Mathephobie tun kann.

Rechnen können ist für jeden von uns wichtig und nützlich, sowohl im Privaten wie auch im Beruf. Das eigene Einkommen zu verwalten und innerhalb seines Budgets zu haushalten fällt mit einem guten Zahlenverständnis wesentlich leichter. Und: Es macht einem so schnell niemand etwas vor, wenn man selbst mit Zahlen umgehen kann. Das gibt Ihnen natürlich auch mehr Sicherheit und Selbstvertrauen für Ihren Lebensalltag. Wer rechnen kann, kann z. B. seine Heizkostenabrechnung besser überprüfen, seine Steuererklärung leichter selbst machen, Einkäufe oder die Rechnung im Café schnell im Kopf addieren oder Angebote überschlagen, um eine informierte Kaufentscheidung zu treffen. Die Preisgestaltung von Lebensmitteln z. B. ist mittlerweile so undurchsichtig, dass ein Preisvergleich nicht möglich ist, wenn Sie nicht umrechnen können, ob der Serrano-Schinken in der 80-Gramm-Packung für 2,49 € billiger oder teurer ist als der in der 100-Gramm-Packung für 2,99 €. Wenn Zahlen kein Problem für Sie sind, können Sie auch Ihr Gehalt geschickter verhandeln. Statistiken und Zahlen, die Sie in Zeitungen lesen, können Sie besser verstehen und einordnen. Es liegt auf der Hand: Ohne ausreichende Rechenfähigkeiten fällt Ihnen all dies viel schwerer.

Warum ist es mir aber ein Anliegen, dass Sie nicht nur gut rechnen können, sondern das möglichst auch noch im Kopf? Die offensichtlichste Antwort ist: Auf dem Taschenrechner vertippt man sich leicht, außerdem hat man nicht immer einen parat. Das geht auch mir so. Ein Grundverständnis für mathematische Prozesse ist schon deswegen wichtig, um überprüfen zu können, ob das, was der Taschenrechner anzeigt, richtig ist. Vor allem sollten Sie Größenordnungen einschätzen können. Sie dürfen sich auch nicht darauf verlassen, dass das, was man Ihnen irgendwo vorrechnet, stimmt. Immer wieder stoße ich im Alltag auf Rechenfehler, z. B. bei Kalorienangaben auf Nahrungsmitteln, bei denen nicht klar ist, ob es sich immer um Irrtümer handelt. Viel gravierender finde ich die vielen Zahlenanalphabeten, denen ich begegne. Sei es eine Kellnerin in einem Café, die 1,80 € für einen Espresso und 2,20 € für einen kleinen Milchkaffee nicht im Kopf addieren kann, oder der Verkäufer, der drei weiße T-Shirts zu je 5 Euro in seinen Taschenrechner eintippt. Und das sind beileibe keine Einzelfälle. In vielen Schulen wird der Taschenrechner so früh eingesetzt, dass immer mehr Schülern jedes Zahlenbewusstsein fehlt. Ich bin entsetzt, wenn ich erlebe, wie sich Menschen weigern, ihr Hirn selbst für die einfachsten Rechenoperationen zu benutzen, und sich stattdessen von einem kleinen Gerät abhängig machen.

Kopfrechnen können hat aber noch weitere wichtige Vorteile: Es stärkt die Konzentration, die so wichtig ist, uns aber leider immer mehr abhandenkommt. Man hält es heutzutage für selbstverständlich, seine Mails zu beantworten, während man telefoniert, oder zu chatten, während man seine Hausaufgaben erledigt. Wie oft klicken Sie sich durchs Internet und lesen eine dieser Geschichten über einen Hund, der die Wahl zum schönsten Hund der Welt gewonnen hat, oder über den neuesten Lebensmittelskandal, obwohl Sie eigentlich dringend eine Terminsache fertig machen müssten?

Natürlich kann man im Alltag nicht alle Ablenkungen von sich fernhalten. Eine gute Konzentration verbessert aber die Denkfähigkeit, wenn es wirklich darauf ankommt. Beispielsweise bei einer Prüfung oder wenn Sie unter Zeitdruck ein Angebot für einen Kunden schreiben müssen. Darüber hinaus hilft eine bessere Konzentrationsfähigkeit auch dabei, sich schnell zu orientieren, sich einen Überblick zu verschaffen, logische Schlüsse zu ziehen und Entscheidungen zu treffen. Für mich ist es sehr wichtig, mich zu konzentrieren während ich rechne.

Kopfrechnen ist für mich auch eine Form der Unterhaltung. Die Welt ist voller Zahlen, man muss sie nur sehen. Wenn ich Zug fahre, zähle ich die Verspätungen der Züge zusammen, die an der großen Tafel in der Bahnhofshalle angezeigt werden, und errechne daraus den Durchschnitt. Im Speisewagen addiere ich die Preise auf der Speisekarte und ziehe die Quadratwurzel. Wenn ich mit dem Auto unterwegs bin, messe ich unbewusst Entfernungen, registriere, wie lange ich brauche, und verrechne Kilometerstand mit Benzinverbrauch. Das läuft bei mir einfach so nebenher als Unterhaltungsprogramm, wie bei anderen Leuten das Radio. Von daher bin ich völlig autark und langweile mich nie. Der große Mathematiker Carl Friedrich Gauß machte es genauso. Einmal zählte er auf einer Wanderung vom heimatlichen Braunschweig nach Helmstedt seine Schritte. Für die knapp vierzig Kilometer brauchte er genau 45 053 Schritte. Je mehr jemand die Zahlen liebt, desto mehr Zahlen nimmt er in seiner Umgebung wahr. Wenn sich Ihr Blick dafür erst einmal geschärft hat, dann werden Sie in Ihrer Umwelt plötzlich neue, spannende Dinge entdecken.

Auch die Gedächtnisleistung lässt sich durch Kopfrechnen verbessern. Ich kenne so gut wie niemanden, der sich nicht für vergesslich hält und meint, sein Gedächtnis habe auch schon besser funktioniert. Beim Namenmerken fängt es an, und ganz schlimm sind Zahlen: Geheimzahlen, Postleitzahlen, Telefonnummern, Kontonummern usw. Wie ergeht es Ihnen beispielsweise, wenn Sie einen Platz im ICE reserviert haben? Können Sie sich beim Einsteigen gleichzeitig die Wagennummer und Ihre Platznummer merken? Oder stehen Sie wie die Mehrheit der Leute im überfüllten Gang herum und beginnen nach den Fahrkarten zu kramen, weil Sie sich zwar die eine Zahl merken konnten, aber nicht die andere?

Mit Ende 30 oder Anfang 40 geht es bei den meisten dann richtig los. Sie befürchten das Schlimmste, wenn ihnen plötzlich nicht mehr einfällt, wie der Titel des Buches lautet, das sie gerade lesen, oder wie noch mal die kleinen schwarzen Beeren im Garten heißen. Dabei ist es mit dem Geist wie mit dem Körper. In der Mitte des Lebens fängt er an abzubauen, wenn wir nicht gegensteuern. Wir setzen eben nicht nur am Bauch ein bisschen Speck an und werden steif, wenn wir uns nicht bewegen, sondern auch im Kopf. Das merken wir zuerst beim Gedächtnis, das plötzlich deutlich schlechter funktioniert. Mit meinem persönlichen Fitness-Programm schlage ich zwei Fliegen mit einer Klappe. Während ich am Rhein spazieren gehe, führe ich ein paar größere Rechnungen durch und denke mir neue Formeln aus. Genauso können Sie zwei Fliegen mit einer Klappe schlagen, denn Kopfrechnen ist immer auch Gedächtnistraining. Sie müssen keine Trocken-übungen machen, sondern können sofort in die Praxis ein-

steigen und Ihre neu erworbenen Kenntnisse bei den Übungsaufgaben umsetzen (ab Kapitel 4).

Eine gute Nachricht kann ich Ihnen schon jetzt
mitgeben: Egal wie alt Sie sind – es ist niemals zu
spät, mit dem Rechnen anzufangen. Mehrere
Bekannte von mir, die weit über 70 Jahre alt sind,
haben spät begonnen und ihre Merkfähigkeit
durch Üben deutlich verbessert. Ein Beispiel ist
meine Freundin und Kollegin Ida Fleiß, mit der
zusammen ich meine Praxis für Hochbegabten-
diagnostik betrieb. Sie konnte sich an Telefonnummern erinnern, die ich längst vergessen hatte, und brachte mich mit
ihrem exzellenten Zahlengedächtnis manchmal richtig in
Verlegenheit. Dabei hatte die promovierte Psychologin, bevor
sie mich kennenlernte, überhaupt nichts mit Zahlen am Hut
gehabt.

Damit Sie wissen, was Sie nun erwartet, gebe ich Ihnen
hier eine kleine Orientierungshilfe. Dies ist in erster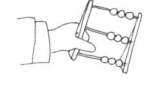
Linie ein Mitmach-Buch, deswegen finden Sie jeweils am
Ende eines Kapitels nicht nur Übungen, sondern auch Raum
für Ihre eigenen Rechnungen bzw. Notizen. Am meisten
haben Sie davon, wenn Sie sich wirklich auf die Zahlen einlassen und Aufgaben selbst lösen bzw. nachrechnen. Sie können dieses Buch Seite für Seite lesen, aber selbstverständlich
auch Kapitel überspringen. Das hängt ganz von Ihrem Kennt-
nisstand ab und davon, was Sie erreichen möchten.

In Kapitel 1 geht es darum, dass viele Menschen Mathe nicht
mögen, was aber mit Mathe gar nicht so viel zu tun hat.

Sie erfahren, was Sie tun können, um Ihre Schwellenangst gegenüber Zahlen abzubauen. Selbst rechnen müssen Sie in diesem Kapitel noch nicht.

In Kapitel 2 können Sie richtig loslegen: Hier erwartet Sie ein Einstufungstest, mit dem Sie Ihre Rechenkenntnisse überprüfen können. Je nachdem, wie Sie abschneiden, können Sie bestimmte Kapitel des Buches auslassen oder mehrmals bearbeiten, bis Sie sich in der betreffenden Rechenart sicher fühlen.

Bevor es in Kapitel 4 mit der ersten der vier Grundrechenarten, dem Addieren, weitergeht, erklärt Kapitel 3, wie man sich Zahlen besser merken kann, was fürs Kopfrechnen wichtig ist (aber auch für das Gedächtnis allgemein), und welche Rechentypen es unter den großen Rechenkünstlern gibt.

In den Kapiteln 4 bis 7 werden die vier Grundrechenarten vorgestellt (4. Addieren, 5. Subtrahieren, 6. Multiplizieren und 7. Dividieren). Ich zeige Ihnen, welche Lösungswege ich für diese Rechenarten benutze. Am Schluss jedes Kapitels finden Sie Übungsaufgaben. Die entsprechenden Auflösungen finden Sie in Kapitel 11.

Die Kapitel 8 bis 10 sind etwas anspruchsvoller und für die Fortgeschritteneren unter Ihnen. Wenn Sie das Gefühl haben, in den Grundrechenarten fit zu sein, sollten Sie auch diesen Teil auf jeden Fall ausprobieren. Für mich wird es jetzt richtig spannend, ich hoffe, für Sie auch (8. Kalenderrechnen, 9. Schätzen und 10. Wurzeln).

In Kapitel 11 finden Sie die Auflösungen des Einstufungstests und der Übungsaufgaben. Versuchen Sie, nicht zu schummeln, sondern schlagen Sie wirklich erst nach, wenn Sie die Aufgaben bearbeitet haben.

Viel Spaß beim Lesen und beim Rechnen!

1. Was Sie gegen Ihre Mathephobie tun können

Ich vermute, dass Sie zu diesem Buch gegriffen haben, weil Sie, vorsichtig ausgedrückt, ein Mathe-Skeptiker sind und mit Zahlen bisher eher auf Kriegsfuß standen. Vielleicht waren Sie nicht so gut in Mathe oder fanden das Fach richtiggehend schrecklich? Vielleicht haben Sie auch gar kein Problem mit Zahlen, rechnen aber trotzdem nicht gerne.

Wenn Sie eigentlich gut im Rechnen sind, Ihre Fähigkeiten aber für ausbaufähig halten, wenn Sie sich mehr Selbstbewusstsein im Umgang mit Zahlen wünschen oder einfach wissen möchten, auf welchem Stand Ihre Rechenkenntnisse stehen, können Sie nach Belieben weiterlesen oder direkt zum nächsten Kapitel springen, wo Sie einen Einstufungstest finden.

Viele Menschen glauben, dass sie Mathe nicht können oder mögen, dabei war es eher der Matheunterricht, bei dem sie nicht mitkamen oder der nicht zu ihren Bedürfnissen passte. Der erste Schritt zu einem besseren Zahlenverständnis ist, dass Sie aufhören sich einzureden, Sie könnten nicht rechnen und Sie würden es nie kapieren. Nehmen Sie sich ein Beispiel an Kindern. Sie sind im Umgang mit Zahlen noch ganz offen und unbefangen. Sie wollen wissen, was die größte Zahl von allen ist, und staunen mit offenem Mund, wenn ich erkläre, dass es die nicht gibt, weil es immer noch eine größere Zahl gibt. Mein Ziel ist es, Ihnen etwas von dieser Unbefangenheit im Umgang mit Zahlen zurückzugeben bzw.

Sie vielleicht zum ersten Mal in Ihrem Leben überhaupt neugierig zu machen auf die Zahlen. Wenn mir das gelingt, dann hat dieses Buch seinen Zweck schon halb erfüllt.

Meinen Beobachtungen zufolge mögen etwa 30 Prozent der in Deutschland lebenden Menschen Mathe. Diese 30 Prozent haben oft technische Berufe, und es sind mehr Männer als Frauen. 40 Prozent verhalten sich eher neutral. Sie mögen Mathe und Rechnen nicht besonders, aber sie haben auch keine Angst davor. Und dann gibt es noch die mit einer ausgesprochenen Abneigung gegen Zahlen, um nicht zu sagen einer Mathephobie. Sie machen ebenfalls etwa 30 Prozent aus. Das ist eine erschreckend hohe Zahl, vor allem wenn man bedenkt, dass sie sich aus 40 Prozent aller Frauen und 20 Prozent aller Männer zusammensetzt.

Gerade Frauen halten sich für mathematisch eher unbegabt. Das ist natürlich Unsinn, denn *alle* Menschen verfügen über einen angeborenen Zahlensinn. Bis zur Pubertät sind Mädchen genauso gut in Mathe wie Jungs. Dass sie dann auf einmal schlechter abschneiden, erklären die meisten Forscher heute mit einer Art sich selbst erfüllenden Prophezeiung. Die Gründe dafür sind vielschichtig, und es würde zu viel Raum einnehmen, an dieser Stelle ausführlich darauf einzugehen. Tatsache ist: Wollen Sie an dieser sich selbst erfüllenden Prophezeiung für sich persönlich etwas ändern, müssen Sie als Erstes aufhören zu denken, Sie könnten es nicht. Und dazu haben Sie den ersten Schritt bereits getan!

Wenn Sie Probleme im Matheunterricht hatten, geht es Ihnen wie den meisten. Fast jeder fand seinen Mathematikunterricht irgendwann frustrierend. Das ist auch deshalb kein Wunder, weil das Fach in Deutschland sehr stark auf die Vermittlung von Operationen ausgerichtet ist, d.h., es wird vor allem angestrebt, dass Schüler vorgegebene Lösungswege reproduzieren können, also nach Schema F rechnen. Dabei wird aber nur die kognitive Ebene des Gehirns angesprochen, nicht die kreative oder emotional-affektive, d.h. Gefühle und Phantasie bleiben außen vor. Durch die Fixierung auf standardisierte Lösungsroutinen wird auch nicht vermittelt, wie spannend Mathe sein kann. Viele empfinden das Fach deswegen nicht nur als schwierig, sondern auch als langweilig. Das wird noch dadurch verstärkt, dass der Matheunterricht sehr abstrakt ist. So gut wie nie wird verraten, wozu die erlernten Verfahren benötigt werden. Das Ganze ist also sehr praxis- und damit lebensfern. Selbst wenn man dem Unterricht problemlos folgen kann, weiß man über weite Strecken oft nicht, um was es eigentlich geht.

Schule kann aber auch anders sein. 1998 leitete ich mit Sakda Boonto, einem Mathematikprofessor an der Chulalongkorn-Universität in Bangkok, einen Kopfrechenwettbewerb mit den 1500 besten Schülern des Landes. In Thailand lernt man Rechnen nach der aus der alten indischen Rechenkultur entstandenen Vedischen Mathematik. Dabei handelt es sich um ein Kompendium aus Algorithmen für das Kopfrechnen. Noch heute wird in den meisten asiatischen Ländern nach dieser Methode gelehrt, was für mich das gute Abschneiden der asiatischen Schüler in Mathewettbewerben erklärt. Der Unterschied zwischen der Vedischen Mathematik und unserer Form des Rechnens ist, dass man nicht nur einen bestimmten Lösungsweg gehen kann, sondern eigene Wege entwickeln darf, die man aus erlernten Sutren, also Lehrsätzen, ableitet. Diese Form des kreativen Rechnens ermöglicht (und erfordert) es, eigene Lösungswege zu finden. Stellen Sie sich das Erfolgserlebnis vor, wenn Sie selbst einen besonders gelungenen Lösungsweg gefunden haben!

In unserem Unterricht müsste also vor allem deutlich mehr Wert auf unterhaltsame, offene Aufgabenstellungen und individuelle Lösungsansätze gelegt werden. Das könnten Textaufgaben aus dem Alltag oder Zahlenrätsel sein. Zahlenpyramiden, Kakuros, Rechnen mit Symbolen, Zahlenreihen ergänzen, magische Quadrate oder Steckbriefaufgaben für Detektive würden sich hierfür anbieten. Der durch solche Aufgaben gewährte Raum für individuelle Ideen ist groß und eröffnet den Schülern die Chance, neue Rechenwege auszuprobieren. Das macht Spaß und fordert gleichzeitig die Kreativität heraus. Die Lösungsverfahren, die Sie in den nächsten Kapiteln kennenlernen, habe ich für meine eigenen Bedürfnisse entwickelt. Sie sind herzlich eingeladen, diese Verfahren zu ändern, ganz nach Ihrem Geschmack.

Auch ich hatte mit der Schule meine Schwierigkeiten: Ich wurde von der Montessori-Grundschule verwiesen und sollte auf eine Schule für Erziehungsschwierige gehen, weil ich den Unterricht störte, die Lehrer ärgerte und immer wieder mit meiner Zappeligkeit auffiel. Meine Eltern weigerten sich jedoch, das mitzumachen, und schickten mich auf eine normale Grundschule, wo mir der etwas strengere Unterricht besser bekam. Trotzdem sahen meine Noten kunterbunt aus, mal hatte ich

Einsen in einem Fach, mal Sechsen. Im Zeugnis ergaben sich daraus Dreien und Vieren. Meine Eltern waren genauso ratlos wie meine Lehrer. Abitur machte ich mit einer glorreichen 3,7, was eigentlich alles über meine Schulkarriere sagt. Unser Schulsystem ist auf einen Schüler ausgerichtet, den das Niveau des Unterrichts fordert, aber gleichzeitig weder über- noch unterfordert. Nur sind viele von uns ganz anders als dieser imaginierte Muster-Schüler und fallen deswegen durch das Raster des Systems.

Falls Sie zu den Menschen gehören, die schlechte Erinnerungen an den Matheunterricht haben, dann gebe ich Ihnen jetzt einige Ratschläge, wie Sie negative Schlüsselerlebnisse in positive umwandeln können. Wenn Sie ein weniger dramatischer Fall sind, einfach nur nicht aufgepasst haben in der Schule, aber wissen, dass Zahlen für Sie kein Problem sind, sobald Sie sich ein bisschen Mühe geben, dann können Sie dieses Kapitel trotzdem weiterlesen oder gleich zum nächsten springen.

Die erste Methode, die Ihnen helfen kann, ist eine Phantasiereise ins Land »Ohnezahl«. Stellen Sie sich eine Insel wie bei Robinson Crusoe vor oder wie aus dem Film *Verschollen*, in dem Tom Hanks nach einem Flugzeugunglück Jahre auf einer entlegenen Insel im Südpazifik verbringen muss. Eine Trauminsel, umgeben von blauem Wasser, mit einem weißen Strand, Palmen und Felsen. Im Gegensatz zu Robinson Crusoe und Tom Hanks, die übrigens beide nur wegwollen von ihrer Insel, haben Sie schon immer auf Ihrer Insel gelebt. Sie haben keine Vorstellung von Zahlen und vermutlich keine Zeiteinteilung, außer vielleicht Kerben an einem Baum. Wahrscheinlich können Sie gerade einmal unterscheiden zwischen eins, zwei und viele. Natürlich gibt es keine Medikamente, keine Handys, kein Internet, keine Klimaanlage und keine Heizung. Im Grunde führen Sie das Leben eines Steinzeitmenschen und haben Glück, wenn das Feuermachen schon erfunden ist, aber möglicherweise haben Sie auf Ihrer Insel noch nichts davon gehört.

Was will uns dieses kleine Gedankenspiel sagen? Mathematik und Zahlen sind wichtige Hilfsmittel, die uns die Welt strukturieren helfen und die das Leben, das wir gewohnt sind, überhaupt erst ermöglichen. Unsere ganze Zivilisation hängt mit Zahlen zusammen und von ihr ab.

Im Alltag sind wir von Kaffeeautomaten, iPods, Laptops, E-Books, Chipkarten, elektronischen Autoschlüsseln, DVD-Playern, Lautsprechern, Trocknern, Spülmaschinen, Navigationssystemen umgeben. In jedem dieser Geräte steckt Mathematik. Wie sollte der Trockner wissen, dass die Wäsche »schranktrocken« ist, wenn nicht durch einen Algorithmus? Wie kann die Information, dass Sie in der Kantine ein Guthaben von 11,20 € haben, für Sie und den Kassierer auf Ihrem Kantinenausweis gespeichert werden, wenn nicht durch eine riesige Anzahl von Nullen und Einsen, der Sprache, die der Computer lesen kann?

Auch wenn Sie sich nicht für Raketen, den Bordcomputer eines A 380, die Funktionsweise Ihrer Waschmaschine oder die Schönheit einer neuen Stahlbrücke begeistern können, den Zahlen entkommen Sie nicht. Ohne sie würde unsere Zivilisation nicht existieren. Viele unserer Errungenschaften sind für uns so selbstverständlich, dass wir uns nicht bewusst sind, dass sie auf einem ausgeklügelten System von Zahlen basieren. Aber dass das Jahr 365 Tage hat, der Tag 24 Stunden und die Stunde 60 Minuten, das war nicht immer da! Wir messen die Zeit, Gewichte, Entfernungen, Temperaturen, die Stärke eines Erdbebens, die Ergiebigkeit des Regens und vieles mehr – in Zahlen. Mit ihrer Hilfe beschreiben wir die Welt und machen sie uns und anderen verständlich, denn alle benutzen dasselbe System. Zahlen sind ganz einfach eine geniale Erfindung! Genauso genial wie das Alphabet, der Buchdruck oder das Internet. Sie waren eine umwälzende Revolution, die das Leben tausendmal bequemer gemacht hat. Sie sind die Grundlage für jede Form von Wirtschaft und Technik.

Machen Sie sich bewusst, dass Ihr negatives Schlüsselerlebnis ausschließlich unglücklichen äußeren Umständen geschuldet ist. Mit der eigentlichen Sache, Zahlen und Mathematik, hat es nichts zu tun. Nicht das Thema an sich, sondern die Art der Vermittlung war (vermutlich) die Ursache für das negative Erlebnis. Wenn Ihnen dies klar ist, dürften die Zahlen für Sie bereits einen Teil ihres Schreckens verlieren.

Hier eine zweite Möglichkeit: Kennen Sie jemanden aus Ihrem Freundeskreis, der Ihnen sympathisch und zugleich Spitze im Rechnen ist? Versuchen Sie zu ergründen, wie dieser Freund zum Mathe-Ass geworden ist. Interviewen Sie ihn und versuchen Sie, seine Erfahrungen schrittweise nachzuvollziehen. Nehmen Sie Anteil an seinen Ideen und seiner Denkweise und finden Sie heraus, wie stark diese von Zahlen und Mathematik geprägt sind. Machen Sie ihn sich in Sachen Mathe zum Vorbild. Möglicherweise ist nicht gleich der erste Mathematik-Begeisterte, mit dem Sie reden, auch jemand, mit dem Sie sich anfreunden möchten. Haben Sie etwas Geduld und suchen Sie weiter.

Findet sich in Ihrem Bekanntenkreis trotzdem kein geeigneter Kandidat, bietet sich alternativ ein Prominenter an. Ein Mathe-Promi. Albert Einstein fällt den meisten natürlich als Erstes ein. Aber Sie können auch jemanden ganz anderes nehmen, z.B. eine so schillernde Gestalt wie Emilie Marquise du Châtelet (1706 bis 1749), die Geliebte des Philosophen und Aufklärers Voltaire, die Isaac Newtons *Principia Mathematica* ins Französische übersetzt hat. Oder die Griechin Hypathia von Alexandria (um 370 bis 415), die am Museion, der Universität, zu der auch die legendäre Bibliothek gehörte, den Lehrstuhl für platonische Philosophie innehatte. Als ihr wichtigstes Werk gilt ein dreizehnbändiger Kommentar zur *Arithmetica* des Diophantos, das leider, wie alle ihre Werke, verschollen ist. Als Mathematikerin, Ingenieurin und Philosophin kämpfte sie für ihre Überzeugungen und bezahlte das sogar mit ihrem Leben. Denn sie war überzeugte Neuplatonikerin und wollte nicht zum Christentum übertreten, weshalb sie als Heidin von einem fanatischen Mob umgebracht wurde. Sie gilt als die erste bedeutende Mathematikerin, und lange Zeit galt sie auch als die einzige.

Mein eigenes Vorbild ist die holländische Rechenlegende Wim Klein. Die Begegnungen mit ihm waren für mich Schlüsselerlebnisse und haben mich motiviert, meine Kenntnisse weiter zu vertiefen. Der 1912 in Amsterdam Geborene sollte auf Wunsch seines Vaters, eines Mediziners, eigentlich Zahnarzt werden, obwohl er schon als

Kind wusste, dass ihn nichts so interessierte wie die Zahlen. Außerdem träumte er vom Showbusiness. Während der Nazizeit musste sich der Jude Wim Klein verstecken, sein Bruder kam im Konzentrationslager um. Nach dem Krieg tingelte er durch die Kneipen und Nachtclubs von Europa. Zwei Freunde spielten Gitarre und Akkordeon, und dann rechnete Wim etwas vor. Sie traten auch direkt auf der Straße auf, so auf den Champs-Elysées. 1955 tourte er als eine der Attraktionen des Varietés »Miracles of the Music Hall« durch England. Mit dabei waren auch ein Entfesselungskünstler, »Der Mann, der lebendig begraben worden war« und das »Einarmige Wunder«, das mit den Füßen Klavier spielen konnte. In der Zeit danach hielt er Vorträge in Schulen und erledigte Rechenaufgaben für das »Mathematisch Centrum« in Amsterdam. Schließlich landete er beim CERN, dem Europäischen Kernforschungszentrum in Genf. 1958, als er dort anfing, steckte der Computer noch in den Kinderschuhen, und Wim erledigte die schweren Rechenaufgaben, bis die Computer 1975 so weit waren, sie von ihm zu übernehmen. Gleichungen mit dreißig Unbekannten, für die ein Mathematiker damals Tage gebraucht hätte, konnte er in zehn Minuten lösen. Als er sich von dort zurückzog, entdeckte er das Guinness Buch der Rekorde für sich und stellte mehrere Weltrekorde auf. So zog er 1976 die dreiundsiebzigste Wurzel aus einer fünfhundertstelligen Zahl in zwei Minuten und dreiundvierzig Sekunden.

Ich selbst lernte ihn kennen, als er im Dezember 1984 im Bonner Amos-Comenius-Gymnasium auftrat. Von meiner Schule bekam ich an diesem Tag extra frei, um ihn erleben zu können. Der Höhepunkt war für mich, dass ich selbst ein

paar kleine Einlagen mit aufgehenden Quadratwurzeln prä-
sentieren durfte, in denen Wim mich unterstützte. Dass er
mich einfach so auf die Bühne in der vollbesetzten Aula kommen ließ, obwohl er mich noch nie vorher gesehen hatte, ist
für mich heute noch kaum zu fassen. Jeder, der schon einmal
selbst etwas vorgeführt hat, weiß, welches Risiko er einging.
Schließlich hätte ich auch ein Verrückter sein können, der
ihm seine Show kaputtmacht. Damals führte er auch die
Multiplikation der Zahlen $57\,835 * 23\,489$ im Kopf vor. Das
Ergebnis ist $1\,358\,486\,315$. Ohne Aufschreiben löste er das in
41 Sekunden. Mit Aufschreiben der Lösung rechnete er eine
ähnliche Aufgabe in 13 Sekunden. Er zog außerdem aus einer
hundertstelligen Zahl die aufgehende 13. Wurzel in 88,8
Sekunden. Die Lösung ist eine achtstellige Zahl. Als ich ihn
später einmal in Amsterdam besuchte, schenkte er mir ein
Buch und schrieb in die Widmung, dass ich sein Nachfolger
werden könnte und dafür tüchtig üben sollte.

Die Mathematik ist voller interessanter Gestalten: Denken Sie
an Galileo Galilei, René Descartes, Blaise Pascal oder Gott-
fried Wilhelm Leibniz. Lesen Sie eine Biographie über Ihr
neues Mathe-Vorbild oder eine Autobiographie. Vollziehen
Sie die Höhen und Tiefen dieses Lebens nach, das durchaus
nicht immer mit viel Anerkennung verbunden gewesen sein
muss. Vielleicht stoßen Sie auf verblüffende Erkenntnisse,
entdecken sogar unvermutete Gemeinsamkeiten. In jedem
Fall erfahren Sie etwas Neues und nähern sich der Mathematik auf anregende Weise an.

Am wichtigsten ist aber, dass Sie sich ein neues, positives
Schlüsselerlebnis im Zusammenhang mit Zahlen verschaffen.

Wie das geht? Ganz einfach, indem Sie beweisen, dass Sie etwas Mathematisches gut können. Dazu zähle ich auch das Lösen eines Sudokus. Wenn Sie Sudokus mögen, dann müsste Ihnen das Rechnen auch liegen. Ich selbst bin leidenschaftlicher Sudoku-Fan und schleppe in meiner Tasche immer eine ganze Reihe von Sudoku-Büchern mit mir herum.

Auf den nächsten Seiten möchte ich Ihnen nun aber endlich Gelegenheit geben, Ihre eigenen Rechenkenntnisse zu überprüfen. Womöglich überraschen Sie sich selbst. Keine Angst, es gibt keine Zensuren! Wenn Sie dann später mit dem Kalenderrechnen binnen 30 Sekunden herausfinden, dass mein Geburtstag auf einen Donnerstag fiel (26. Mai 1966), dann haben Sie es geschafft und sich mindestens einen Kinobesuch verdient.

2. Einstufungstest

Den folgenden Test habe ich entwickelt, damit Sie wissen, wo Sie in Sachen Grundrechenarten stehen. Es gibt Punkte (aber, wie gesagt, keine Zensuren), und ich teile Ihnen nach dem Test mit, wie ich Sie momentan einschätze. Lassen Sie sich auf keinen Fall unterkriegen, wenn Sie nicht so gut abschneiden. Wir fangen ja erst an, und schließlich ist es der Zweck der Übung, dass Sie sich verbessern. Maximal können Sie 100 Punkte erreichen. Sie dürfen sich Notizen machen, müssen also noch nicht im Kopf rechnen. Die Lösungen finden Sie in Kapitel 11.

Stellen Sie sich etwas zu trinken bereit, spitzen Sie Ihren Lieblingsbleistift, fangen Sie Ihr schönes neues kariertes Heft an und sorgen Sie dafür, dass Sie nicht gestört werden. Wenn es Ihnen hilft, sich zu entspannen, machen Sie Musik an. Und bitte rechnen Sie nach Adam Ries mit »Lust und Fröhlichkeit«!

1. Sie kaufen 1 Pfund Zucchini, 2 Pfund Bananen und 3 Pfund Möhren. Die Möhren kosten pro Kilo 1 Euro, die Bananen pro Kilo 2 Euro und die Zucchini pro Kilo 4 Euro. Sie zahlen mit einem 10-Euro-Schein. Wie viel Wechselgeld erhalten Sie?
3 Punkte

2. Sie veranstalten einen Kindergeburtstag und stellen fest, dass die Gummibärchen fehlen. Sie rennen mit einem 5-Euro-Schein los, um im Geschäft um die Ecke schnell noch welche zu besorgen. Eine 300-Gramm-Packung kostet im

Angebot 99 Cent. Wie viele (ganze) Packungen können Sie für 5 Euro kaufen? *(2 Punkte)* Wie viel Wechselgeld erhalten Sie in diesem Fall? *(2 Punkte)* Wenn alle 24 Personen beim Geburtstag genau 100 Gramm Gummibärchen essen, wie viele Packungen müssten Sie einkaufen *(2 Punkte)* und wie viel Geld müssten Sie dafür ausgeben *(2 Punkte)*?
Insgesamt: 8 Punkte

3. Es ist ein wundervoller Sommermorgen. Der Himmel ist strahlend blau, und Sie sind extra früh aufgestanden, um das Schwimmbecken ganz für sich zu haben. Für das Schwimmen bleiben Ihnen 30 Minuten Zeit, denn dann werden die anderen eintrudeln. Sie wollen einen Kilometer am Stück schwimmen. Für die 25-Meter-Bahn benötigen Sie im Freistil 40 Sekunden. Schaffen Sie Ihr Pensum, und wenn ja, wie viel Zeit bleibt noch übrig? *(4 Punkte)*
Heute wollen Sie lieber Brustschwimmen. Sie benötigen pro 25-Meter-Bahn allerdings 50 Sekunden. Schaffen Sie Ihr Pensum? Wenn nicht, wie viele Meter fehlen noch bis zum vollen Kilometer? *(4 Punkte)*
Insgesamt: 8 Punkte

4. Was ergibt $10 - 9 + 8 - 7 + 6 - 5 + 4 - 3 + 2 - 1$?
3 Punkte

5. Was ergibt $20 + 19 + 18 + 17 + 16 - 14 - 13 - 12 - 11 - 10$?
4 Punkte

6. Primzahlen (2, 3, 5, 7, 11, 13, 17 usw.) sind Zahlen, die nur durch sich selbst und durch 1 ohne Rest geteilt werden

können. Wie lauten nach 90 die nächsten drei Primzahlen *(je 2 Punkte)?*
Insgesamt: 6 Punkte

7. Was ergibt $5 * 5 * 5 + 4 * 5 * 6$?
4 Punkte

8. Sie kaufen einen Laptop für 599,00 €. Ihnen wird eine 0%-Finanzierung angeboten, Sie zahlen also keine Zinsen. Gemäß Ratenplan zahlen Sie ab dem 1. Juli 2012 monatlich 20 €. Wann zahlen Sie die letzte Rate *(3 Punkte)* und wie hoch ist diese *(3 Punkte)?*
Insgesamt: 6 Punkte

9. Was ergibt $31\,248 : 248$?
8 Punkte

10. Vom Ernährungsberater haben Sie erfahren, dass Sie Ihr Gewicht bei einer täglichen Kalorienzufuhr von 2 200 Kalorien halten können. Wenn Sie täglich auf 700 Kalorien verzichten, nehmen Sie pro Tag 100 Gramm ab. Sie wollen in den nächsten 42 Tagen oder sechs Wochen 6 Kilo abnehmen. Wie viele Kalorien dürfen Sie täglich bei gleichem Lebenswandel zu sich nehmen, wenn Sie Ihr Ziel erreichen wollen? *(4 Punkte)*
Ihre Freundin hat in den letzten 30 Tagen 9 Kilo abgenommen. Sie wollen das jetzt auch schaffen. Sie möchten aber mindestens 1 000 Kalorien täglich zu sich nehmen. Wie viele Kcal müssen Sie täglich auf dem Stepper abtrainieren, um mit Ihrer Freundin gleichziehen zu können? *(4 Punkte)*
Insgesamt: 8 Punkte

11. Sie wollen mit Ihrer Familie (Sie, Ihr Partner und Ihre drei Kinder) einen Zoo besuchen. Das Familienticket kostet 25,00 €. Regulär zahlt jeder Erwachsene 9,00 €, Kinder die Hälfte. Wie viel Geld sparen Sie durch das Familienangebot? *(3 Punkte)*

Heute, am Montag, ist »Individualisten-Tag«. Deshalb sind alle regulären Tickets (Erwachsene und Kinder) um ein Drittel günstiger, die Familientickets ausgenommen. Wie kaufen Sie die Tickets ein, und wie viel Geld können Sie dann sparen? *(3 Punkte)*

Insgesamt: 6 Punkte

12. Sie sind begeisterter Autofahrer und fahren im Jahr 36 000 Kilometer. Um Ihr jetziges Auto gegen ein anderes einzutauschen, das 5 statt 6 Liter Super auf 100 Kilometer verbraucht, müssen Sie 2 700,00 € bezahlen. Nach wie vielen Jahren, konstante Fahrweise vorausgesetzt, haben Sie die Tauschkosten wieder rausgeholt, wenn der Liter Super 1,50 € kostet? *8 Punkte*

13. Im Supermarkt ist heute Aktionstag: Sie erhalten 3 Packungen Qualitätstoilettenpapier zum Preis von zweien (Einzelpreis 2,99 €). Die Packung besteht aus 10 Rollen à 160 Blätter. Der Discountartikel (10 Rollen à 200 Blätter) kostet wie üblich 2,35 €. Vergleichen Sie selbst: Sind die 3 Packungen Qualitätstoilettenpapier günstiger oder der Discountartikel, wenn Sie auf die gleiche Blattanzahl kommen wollen? Wie viel Cent können Sie sparen? *8 Punkte*

14. Was ergibt $1\,003 * 1\,004$ *(4 Punkte)*? Die Primfaktor-Zerlegung von 60 ergibt $2 * 2 * 3 * 5$, wie sieht sie bei $111\,111$ aus *(6 Punkte)*?
Insgesamt: 10 Punkte

15. Sie wollen ein Mehrfamilienhaus kaufen. Die einzelnen Parteien zahlen monatliche Kaltmieten von 660,00 €, 720,00 €, 788,00 € und 832,00 €. Wie hoch darf der Kaufpreis maximal sein, wenn er 15 Jahreskaltmieten nicht übersteigen darf *(4 Punkte)*?
Sie kaufen das Haus und bauen eine fünfte Wohnung aus, die 800,00 € Kaltmiete einbringen soll. Insgesamt haben Sie 756 000,00 € investiert. Um welchen Gesamtbetrag müssen Sie die vier Monatskaltmieten erhöhen, damit Sie nach 15 Jahren Ihre Investitionssumme heraushaben *(6 Punkte)*?
Insgesamt: 10 Punkte

Einschätzung Ihres Ergebnisses

Liegt Ihr Ergebnis zwischen 0 und 33 Punkten, dann ist Ihre Leidenschaft für Zahlen noch ausbaufähig. Trauen Sie sich mehr zu! Sie können mehr, als Sie denken, und mit etwas Übung kommen Sie zum Ziel. Machen Sie alle Aufgaben, wenn nötig auch mehrmals, bis sie richtig sitzen. Haben Sie Geduld mit sich selbst und vor allem: Bleiben Sie dran.
Sie haben zwischen 34 und 66 Punkten: Herzlichen Glückwunsch! Sie sind ein erfolgreicher Perlenzähler. Bei Ihren soliden Kenntnissen legt Sie so schnell keiner herein. Sie werden einige der Aufgaben in diesem Buch sehr leicht finden, überfliegen Sie diese einfach und kümmern Sie sich um die etwas anspruchsvolleren Aufgaben. Da können Sie noch einiges lernen.

Wenn Ihr Ergebnis zwischen 67 und 100 Punkten liegt, dann haben Sie zu diesem Buch vermutlich gegriffen, weil Sie sich gesagt haben: »Mal sehen, wie der so tickt«, und nicht, weil Sie noch viel üben müssten. Was das Rechnen betrifft, sind Sie ein Crack, und Adam Ries hätte Sie bestimmt gerne in sein Team aufgenommen.

3. Sich Zahlen merken

Wenn Sie im Kopf rechnen wollen, dann sollten Sie in der Lage sein, sich Zahlen zu merken. Alles Rechnen nützt nichts, wenn Sie die Zwischenergebnisse schon wieder vergessen haben, ehe Sie fertig sind. Für die meisten Menschen ist es besonders schwer, sich Zahlen einzuprägen, weil es abstrakte Informationen sind. Ein fotografisches Gedächtnis wäre da ideal. Ich selbst habe leider keins, ganz im Gegenteil. Bei Gedichten, die ich in der Schule auswendig lernen musste, brauchte ich für jeden Vers mehrere Anläufe, bis er fest im Gedächtnis verankert war. Auch für Zahlen habe ich kein fotografisches Gedächtnis. Das Merken von Telefonnummern geht recht gut, aber keineswegs perfekt, allerdings kann ich mir in wenigen Sekunden recht viele Ziffern einprägen. Das liegt zum einen an der Übung, aber auch daran, dass Zahlen für mich eine andere Bedeutung haben.

Um sich Dinge besser merken zu können, gibt es Standardtechniken. Ja, es gibt eine ganze Wissenschaft dazu, denn Gedächtnistraining wird inzwischen von vielen Menschen als Sport betrieben. Regelmäßig finden Wettbewerbe statt, in denen die verrücktesten Rekorde aufgestellt werden. Chao Lu aus China beispielsweise kann sich 67 890 Nachkommastellen der Kreiszahl Pi merken. Das ist sein Weltrekord aus dem Jahr 2005. Der inoffizielle Weltrekord des Japaners Akira Haraguchi liegt sogar noch höher, nämlich bei 100 000 Stellen nach dem Komma. Die meisten Leute kennen von dieser Zahl, die das Verhältnis des Umfangs eines Kreises zu seinem Durchmesser beschreibt, höchstens die ersten Nachkommastellen. Damit Sie sich das Ganze etwas besser vorstellen können, liste ich Ihnen einmal die ersten hundert Nachkommastellen auf: 3,1415926535897932384626433832795028 8419716939937510582097494459230781640628620899 86280348253421170679.

Bekommen Sie jetzt bitte keinen Schreck, so viele Ziffern müssen Sie sich natürlich nicht merken. Schließlich wollen Sie nicht nur Ihr Gedächtnis trainieren, sondern auch rechnen.

Ich unterscheide drei Arten, im Kopf zu rechnen, die das Gedächtnis unterschiedlich stark belasten, wobei die Grenzen zwischen Gedächtnissport und Rechnen fließend sind. In diese Kategorien lassen sich auch die derzeitig bekanntesten Rechensportler einteilen. Die meisten von ihnen haben einen Schwerpunkt, ein Spezialgebiet, auf dem sie besonders gut sind, was natürlich nicht heißen soll, dass sie nicht auch etwas anderes können. Es handelt sich um

Gedächtnisrechner,
mechanische Rechner,
kreative oder konstruktive Rechner.

In die erste Kategorie, zu den Gedächtnisrechnern, gehören Leute wie der schon erwähnte Chao Lu. Bei Disziplinen wie »Zahlensprint« müssen sich diese Sportler lange Zahlenreihen merken. Genau genommen wird hier nicht gerechnet, sondern es werden einfach erlernte Ziffernfolgen abgerufen. Es handelt sich also mehr um eine Gedächtnisleistung, bei der Merktechniken angewendet werden, als um Rechnen. Hans Eberstark, ein österreichisches Sprachengenie und ein weiteres Vorbild von mir, wandelte Zahlen in Silben um und war so in der Lage, sich lange Zahlenreihen zu merken. Er sprach zwanzig Sprachen und 400 Dialekte und arbeitete als Simultandolmetscher am CERN in Genf. Mit seiner Methode stellte er 1979 mit 11 944 Ziffern den Weltrekord im Einprägen der meisten Stellen der Zahl Pi auf. Wenn Sie diese Zahl von 1979 jetzt mit den Rekorden von Chao Lu und Akira Haraguchi vergleichen, sehen Sie, wie sehr sich die Gedächtniskünstler gesteigert haben.

Rüdiger Gamm, einer der weltführenden Gedächtnisrechner, hat ein extrem gutes Gedächtnis. Insgesamt muss er wohl einige hunderttausend numerische Fakten direkt abrufbereit haben. Vielleicht haben Sie ihn schon einmal im Fernsehen gesehen. Ich kenne niemanden, der so viele Zahlen im Gehirn hat wie Rüdiger Gamm.

Ein anderes Beispiel für das Gedächtnisrechnen ist die Wochentagermittlung. Hierbei geht es darum, herauszufinden, auf welchen Wochentag ein bestimmtes Datum fiel, z. B. der 11. Oktober 1901. Es gibt Gedächtnisrechner, die den kompletten Kalender über einen Zeitraum von mehreren hundert Jahren direkt abrufparat haben. Sie selbst werden die Wochentagermittlung weiter hinten im Buch kennenlernen. Mit einer von mir entwickelten Formel sind Sie dann zwar nicht ganz so schnell wie die Leute, die Rekorde aufstellen, aber dafür müssen Sie auch nicht so viel auswendig lernen!

Die zweite Rechenart bezeichne ich als mechanisches Rechnen. Hierbei wird ein eingeführtes, allseits bekanntes Verfahren angewandt. Ein Beispiel ist die schriftliche Addition, wie

wir sie in der Schule gelernt haben, ein weiteres die Überkreuzmultiplikation. Im ersten Fall müssen nur einstellige
Zahlen zu Zwischenergebnissen addiert werden $(5 + 4 +$
$7 + 2 + 6 + 1)$, im zweiten müssen nach einem bestimmten
Schema Produkte zweier einstelliger Zahlen addiert werden
$(3 * 4 + 2 * 9 + 4 * 7)$.

Wir probieren es einmal aus, damit Sie feststellen können, ob
Ihnen diese Art des Rechnens liegt. Bitte addieren Sie die
Zahlenreihe im Kopf und stoppen Sie, wie viel Zeit Sie dafür
brauchen.

$$2 + 5 + 7 + 8 + 1 + 1 + 3 + 9 + 4 + 3$$

Jetzt machen Sie das Ganze bitte noch mal. Ging das schon
schneller? Vielleicht stellen Sie fest, dass Sie sich schon ein
wenig verbessert haben. Jetzt müssten Sie das jeden Tag trainieren. Vielleicht probieren Sie es mal morgen und übermor-
gen? Haben Sie dazu überhaupt Lust? Wenn nein, macht das
auch nichts, dann ist das mechanische Rechnen vielleicht
nicht so Ihr Fall. Ehrlich gesagt, ich hätte dazu auch nicht so
viel Lust, weil ich in der bloßen Wiederholung der Addi-
tionssequenzen keinen Erkenntnisgewinn sehe. Selbst die
»Variationsbreite« – die Anzahl aller möglichen Kombinationen zweier einstelliger Zahlen ist mit $10 * 10 = 100$ sehr
überschaubar. Die Anhänger dieser Sportart sagen aber, es
gäbe immer wieder neuartige Kombinationen und deshalb
könne man stets weiter lernen. Und sie haben großen Spaß
an ihrer Disziplin!

Der dritte Rechentyp ist ein Tüftler, ihm geht es vor allem
um das Entwickeln von ausgeklügelten, kreativen Rechen-

methoden. Natürlich bietet die Mathematik schon viele vorzügliche Methoden, aber oft müssen sie noch auf einen spezifischen Anwendungsfall heruntergebrochen werden. Um zu erkennen, welche mathematischen Verfahren auf bestimmte Rechenprobleme angewandt werden können, braucht man Intuition. Der kreative Rechner ist in der Regel ein Gegner des Memorierens um jeden Preis und tüftelt lieber am Rechenweg herum, solange es da noch etwas zu verbessern gibt. Und da das fast immer der Fall ist, braucht der kreative Rechner, im Gegensatz zu den anderen Rechnern, kaum etwas zu memorieren – höchstens die neuen Rechenwege. Ich selbst zähle mich zu dieser Kategorie. Der Holländer Wim Klein war ein exzellenter Vertreter, und das sind auch Willem Bouman, Robert Fountain, George Lane und Andy Robertshaw, meine Mitbewerber bei der jährlich stattfindenden Mind Sports Olympiad, sowie Albrecht Kampf. Auch sie beherrschen natürlich das große Einmaleins bis 100 * 100, aber ohne es explizit auswendig gelernt zu haben. Das Wissen hat sich einfach angesammelt.

Nun kommen wir zu den Merktechniken, die Sie anwenden können. Die Profis im Gedächtnissport merken sich Zahlen mit dem Mastercode (Major-System-Code), einer aus dem 17. Jahrhundert stammenden Mnemotechnik, bei der Zahlen in Buchstaben umgewandelt werden. 0 = s, z, ß; 1 = d, t; 2 = n; 3 = m; 4 = r; 5 = l; 6 = ch, sch; 7 = ck, k; 8 = f, v, w; 9 = b, p. Jede Ziffer wird in einen Konsonanten umgewandelt. Aus diesen Konsonanten entstehen dann Wörter. Und diese Wörter werden wieder mit einer Geschichte verbunden. Die richtigen Profis merken sich gleich zweistellige Zahlen, d.h. ihr System geht bis 100 und funktioniert so, dass sie zwei

Konsonanten zu einem Wort zusammensetzen. Die 43 würde dann beispielsweise aus r und m zusammengesetzt und ergäbe das Wort »Raum«. Es könnte aber auch »Rum« sein. Beim Rückübersetzen werden die Bilder wieder in Zahlen umgewandelt. Sie müssen natürlich erst einen Haufen Wörter auswendig lernen, und deswegen ist diese Technik für uns viel zu aufwendig.

Es gibt einfachere Systeme, bei denen Sie zum Beispiel für jede Zahl einfach einen Begriff finden, der sich darauf reimt. Drei und Brei oder Vier und Bier. Aber natürlich könnten Sie auch etwas ganz anderes nehmen. Ich selbst bin kein Freund von standardisierten Merkmethoden – dafür ist mir meine eigene Unabhängigkeit zu wichtig. Deshalb stelle ich Ihnen die Technik vor, die ich für die beste halte. Dabei geht es an erster Stelle darum, dass Sie für jede Zahl eine Assoziation finden, die Sie sich persönlich gut merken können, weil sie eine Bedeutung für Sie hat.

Betrachten wir eine Folge von 10 Ziffern:

3 5 3 0 7 4 4 1 8 2

Versuchen Sie jetzt mal, diese Ziffern in der richtigen Reihenfolge zu wiederholen. Wie würden Sie vorgehen? Hier geht es darum, ein wenig zu probieren und ein Gefühl für Ziffern entstehen zu lassen.

Zunächst einmal: Wie schwierig war diese Aufgabe für Sie? Wie lange haben Sie dafür gebraucht? Haben Sie sich bei der Wiedergabe geirrt? Wenn Sie zwischen 30 und 60 Sekunden gebraucht haben, dann liegen Sie in etwa im Durchschnitt. 20 Sekunden wäre schnell, 10 eine Spitzenleistung. Ich gebe

Ihnen diese Werte nur mit, damit Sie sich selbst in ungefähr einschätzen können.

Wenn Sie das schwierig fanden, kann es daran liegen, dass eine solche Aufgabe für Sie ungewohnt ist. Vielleicht deshalb, weil hier nur nackte Ziffern stehen, zu denen Sie keinen weiteren Bezug haben. Aber in Ihrem Alltag haben Sie ständig mit Zahlen zu tun (z. B. beim Einkaufen). Nur haben die auch immer gleich eine Funktion oder Bedeutung, stellen sie doch etwa einen Preis dar oder die PIN für Ihre EC-Karte. Sie sind deshalb etwas leichter zu merken.

Wir sind beim entscheidenden Punkt angelangt: Wenn Sie vor dem Problem stehen, innerhalb kurzer Zeit Zahlen memorieren zu müssen, gelingt dies am ehesten, wenn Sie die Zahlen mit etwas Bedeutungsvollem verbinden. Am besten etwas, was Sie interessant oder spannend finden, woran Sie sich gerne erinnern, oder etwas, das starke Gefühle in Ihnen auslöst. Natürlich können nur Sie wissen, was für Sie bedeutungsvoll ist, deshalb müssen Sie selbst entscheiden, mit was Sie eine zu erinnernde Zahl verbinden beziehungsweise assoziieren, wie wir Psychologen sagen.

Damit Sie sehen, wie es funktioniert, und um Ihrer Phantasie ein wenig auf die Sprünge zu helfen, gehen wir die Zahlen oben einmal durch. Was fällt Ihnen zur Drei, unserer ersten Ziffer ein? Das könnte beispielsweise sein, dass Sie Ihren Kaffee mit drei Stücken Zucker trinken. Vielleicht fällt Ihnen zur 3 ein, dass Sie bei einem Gesangswettbewerb Dritter geworden sind, woran Sie sich noch gerne erinnern. Oder Sie haben eine besondere Beziehung zu den drei Grazien, den drei Musketieren, den Heiligen Drei Königen oder zur Dreifaltigkeit?

Wie sieht es mit der zweiten Ziffer, der 5, aus? Für mich hat die 5 die Bedeutung, dass sie meine Lieblingszahl unter den einstelligen Zahlen ist, weshalb ich sie mir immer leicht merken kann. Was verbinden Sie mit der 5? Denken Sie an den Film *Nummer 5 lebt*, bei dem ein durch einen Blitz getroffener Roboter selbständig, lebendig wird? Oder besuchen Sie Ihre Freundin mit der Straßenbahnlinie 5? Ich selbst verbinde mit der Fünf auch den gedeckten Esstisch bei meinen Freunden Karin und Bernd, weil es dort öfter mal ein Fünf-Gänge-Menü gibt.

Jetzt haben wir wieder eine 3. Sie können dieselbe Assoziation wie oben nehmen, oder eine andere – eine sogenannte Ersatzassoziation – probieren. So könnte etwa Ihre Lieblingstageszeit nachmittags um drei Uhr sein, weil Sie Ihre Mittagspause besonders spät abhalten und danach erfrischt in den Nachmittag starten. Der Vorteil einer Ersatzassoziation ist, dass Sie eine bessere Geschichte konstruieren können, weil nicht zweimal derselbe Begriff vorkommen muss. Wenn Sie richtig in die Sache einsteigen, bietet es sich also an, gleich mehrere Ideen für jede Zahl zu entwickeln.

Die vierte Zahl ist eine 0. Die 0 assoziiere ich mit einem Frühstücksei, natürlich wegen der Form.

Die Null ist etwas Besonderes. Lange galt sie nämlich gar nicht als Zahl. Und sie ist auch nicht so alt wie die anderen Zahlen, denn es hat lange gedauert, bis man sie erfunden hat.

Die Römer hatten noch gar keine Null, und im europäischen Mittelalter, das die römischen Zahlen verwendete (die ja bekanntlich Buchstaben sind), gab es sie auch nicht. Erfunden haben sie schon die Babylonier, die sie aber nur als Platzhalter benutzten und noch nicht mit ihr rechneten. Die »Urnull« aus Babylon kann man heute im Louvre in Paris auf einer astronomischen Tafel aus Uruk besichtigen. Als die indischen Mathematiker im 5. Jahrhundert ihr Zahlensystem vereinfachten und damit auch unsere modernen Zahlen kreierten, erfanden sie auch die Null. Was die Null vor allem kann, ist, dass sie Zahlen groß macht, indem man sie einfach anhängt. Der indische Astronom Brahmagupta zeigte 628 in seinem *Brahmasphutasiddhanta,* wie man Addition, Subtraktion, Multiplikation, Division und Potenzierung nicht nur auf Güter, also positive Zahlen, sondern auch auf Schulden, also negative Zahlen, anwenden kann und wie man vom Nichts die Schulden abzieht. Zu uns kam die Null über die Araber, d. h. über die Mauren in Spanien. Aus dem Sanskrit-Wort »sunya«, was Leere heißt, wurde das arabische »sifr«. Aus dem arabischen Wort für Null ist bei uns das Wort Ziffer geworden. Der italienische Mathematiker Fibonacci machte aus »as-sifr«, die Leere, das lateinische »zefirum«, woraus sich »zero« entwickelte. Und Sie finden »sifr« auch in einem Wort wie »Chiffre«. Im Mittelalter hatten die arabischen Zahlen, die für uns heute völlig normal sind, etwas Anrüchiges an sich, das war sozusagen die Sprache des Feindes oder des Teufels, wie die Kirche sagte. Es dauerte lange, bis sie sich durchsetzen konnten. Gleichzeitig waren sie geheimnisvoll. Deshalb: Chiffre.

Die fünfte Zahl ist eine Sieben. Denken Sie an das Märchen Schneewittchen, in dem die sieben Zwerge eine wichtige

Rolle spielen? An den Wolf und die sieben Geißlein? Befinden Sie sich gerade mit einer bestimmten Person im siebten Himmel? Oder kochen Sie Ihr Ei sieben Minuten lang, damit es ausreichend hart ist? Die Sieben ist auch eine sehr biblische Zahl. Denken Sie an die sieben fetten und mageren Jahre, die sieben Todsünden oder die sieben Plagen!

Am besten merken Sie sich Zahlen, wenn Sie sie nicht nur mit für Sie bedeutungsvollen Dingen verbinden, sondern darüber hinaus mit persönlichen Assoziationen – am besten zu einer für Sie interessanten Geschichte.

Hier ein Beispiel:
Nach einem Nickerchen fahren Sie um 3 Uhr mit der Straßenbahnlinie 5 zu einer Freundin, die in ihren Kaffee stets drei Stückchen Zucker tut. Zum Kaffee gibt es ausgerechnet ein Ei, das sieben Minuten gekocht wurde.

Probieren wir die zweite Hälfte der zehn Ziffern:
Wir sind bei der Vier angekommen. Was fällt Ihnen da ein? Ein vierblättriges Glückskleeblatt ist wahrscheinlich die häufigste Assoziation. Vielleicht hat Ihre Freundin aber auch einen quadratischen Tisch mit vier Seiten. An jeder Seite steht ein Stuhl – die Stühle haben eine ähnliche Form wie die Vier. Die Vier scheint auch die Zahl der klassischen Musik zu sein. Vielleicht hören Sie gerne die *Vier Jahreszeiten* von Vivaldi, *Vier letzte Lieder* von Richard Strauss, oder Sie spielen die *Klaviermusik zu vier Händen* von Maurice Ravel? Oder Sie essen am liebsten die Pizza Quattro Stagione, was ja auch einfach Pizza Vier Jahreszeiten heißt.

Was verbinden Sie mit der Eins? Vielleicht fallen Ihnen Gegenstände ein, die eine ähnliche Form haben wie die Eins? Etwa ein Stift, eine Kerze oder eine im Glas stehende Zahnbürste? Oder hat Ihr bester Freund seinen Geburtstag am ersten Tag Ihres Lieblingsmonats? Sind Sie Formel-1-Fan?

Die vorletzte Ziffer ist eine 8. Meine Spontanassoziation ist der Spruch: »Die Acht, die lacht!« Sie sehen: Im Wort »lacht« steckt die Acht. Ich habe diesen Spruch von meiner Mentorin Ida Fleiß gehört, und er hat sich gleich in meinem Gehirn festgesetzt. Natürlich können Sie auch an ein für Sie bedeutungsvolles Achtelfinale denken oder an die Unendlichkeit, denn die liegende Acht gleicht dem Zeichen für Unendlichkeit. Genauso gut könnten Sie natürlich auch in Ihrer Jugend gerne Achterbahn gefahren sein oder es noch gerne tun.

Die letzte Ziffer ist eine 2. Die Zwei steht für ein Paar. Denken Sie an Ihren Partner, mit dem Sie gestern einen Streit hatten? Oder an die letzte Partie Schach – das Konfrontationsspiel zu zweit? Sind Sie Zwilling? Vielleicht erinnern Sie sich auch an *Das doppelte Lottchen*? Oder lutschen Sie gerne »Nimm 2«?

Die Geschichte könnte wie folgt weitergehen: Das harte Ei essen Sie auf einem Stuhl sitzend an einem quadratischen Tisch. Danach putzen Sie sich mit der Zahnbürste die Zähne. Sie lachen mit Ihrer Freundin über einen Witz und spielen im Anschluss mit ihr eine Partie Schach.

Über die Sechs und die Neun haben wir nicht gesprochen, weil sie in der Zahlenreihe oben nicht vorkommen. Sie wissen inzwischen, wie es geht, aber es fällt einem nicht immer gleich etwas ein, deshalb hier noch ein paar Anstöße: Wenn Harry Potter Ihre Lieblingslektüre war, dann könnten Sie auch das Gleis $9\frac{3}{4}$ nehmen, auf dem der Hogwarts Express im Bahnhof Kings Cross abfährt. Oder Ihre Lieblingssymphonie ist die Neunte von Beethoven. Bei der Sechs fallen mir natürlich sechs Richtige im Lotto ein.

Üben wir das Ganze jetzt einmal. Sie legen bitte fest, womit Sie jede Zahl von 0 bis 9 assoziieren wollen. Wenn Ihnen nicht so schnell etwas einfällt, dann leihen Sie sich meine Assoziationen erst einmal aus, ersetzen Sie sie aber am besten demnächst durch eigene. Ich habe es oft erlebt, dass die Leute auf die besten Ideen für Assoziationen kommen, wenn sie das Thema mit Freunden besprechen. Die Zahl, die Sie sich jetzt merken sollten, indem Sie Ihre Assoziationen zu einer Geschichte zusammenfügen, ist:

8 0 3 6 5 1 7 8 4 2

Hat es geklappt? Falls Sie noch Probleme haben, müssten Sie sich eventuell stärkere Begriffe oder Bilder aussuchen. Und einfach noch ein bisschen üben.

Für alle weiteren Kapitel brauchen Sie kein großer Memorierkünstler zu sein – es genügt, dass Sie hin und wieder ein paar kleine Gedächtnisübungen wie die eben probieren. Mit ein wenig Praxis im Memorieren können Sie sich beliebig steigern: Sie erreichen eine hohe Assoziationsgeschwindigkeit und können sehr schnell sinnvolle und ungewöhnliche Geschichten spinnen.

»Ach, so macht der das also«, denken Sie nun, liegen damit aber falsch. Für mich wäre es sehr umständlich, mir Zahlen durch Bilder und Buchstaben zu merken, haben doch die Zahlen selbst die größte Bedeutung für mich. Deshalb stelle ich Ihnen jetzt noch meine Methode vor, die allerdings voraussetzt, dass Sie eine Beziehung zu Zahlen haben. Entscheidend sind für mich die Eigenschaften der Zahlen, an die ich mich erinnern will. Ich erläutere das am Beispiel unserer zehn Ziffern: Die Ziffern »353« bilden für mich einen Block und bezeichnen die kleinste Primzahl, die größer als 350 ist. Für Sie mag das umständlich erscheinen, für mich hat diese Eigenschaft aber einen hohen Stellenwert. Die 350 ist für mich eine Art mentale Marke, weil sie den Block zwischen 300 und 400 halbiert.

In der Schule haben wir gelernt, dass Primzahlen nur durch sich selbst und durch die Eins teilbar sind, ohne dass ein Rest bleibt. Das ist natürlich eine eher langweilige Erklärung. Für Mathematiker und jeden, der die Zahlen liebt, sind Primzahlen jedoch etwas ganz Besonderes. Primzahlen sind die Diven am Zahlenhimmel. Zickig, geheimnisvoll und unberechenbar wie sie sind, lassen sie sich überhaupt nicht berechnen oder vorhersagen. Sie können sich vorstellen, wie sehr ein Mathematiker darunter leidet, dass sich eine Zahl nicht berechnen lässt? Die Primzahlen tauchen einfach so auf im großen Zahlenall. Scheinbar zufällig. Sie verbreiten Chaos und Rebellion. Dabei sind sie wie Bausteine, wie Atome, denn sie können nicht mehr geteilt werden. Sie sind die Grundeinheit aller Zahlen, und Generationen von Mathematikern haben über sie geforscht, um ihnen auf die Schliche zu kommen und sie endlich in eine Formel zu bringen, was aber bisher nicht gelungen ist. Je größer die Zahlen werden, desto seltener werden die Primzahlen.

Die 353 ist eine völlig exotische Zahl. Und sie ist neuartig. Man kann sie nicht über ihre Teilbarkeit mit anderen Zahlen beschreiben, wie man das beispielsweise bei der 12 könnte, indem man 2 * 2 * 3 sagt. Oder bei der 6, indem man sie mit 2 * 3 beschreibt. Wenn ich auf eine solche Primzahl stoße, noch dazu eine hohe, dann ist das ein Gefühl wie bei einem Sammler, der unerwartet auf ein seltenes wertvolles Objekt stößt. Wie bei einem Gartenfan, der begeistert vor einem schönen Farn steht, den es nur im Thüringer Wald gibt und den man auf einer Wanderung endlich entdeckt hat. Oder wie auf einer Safari, wenn man zum ersten Mal ein Löwenrudel in freier Wildbahn beobachten kann.

Primzahlen sind also immer interessant, während zusammengesetzte Zahlen nicht ganz so spannend sind. Aber wenn Sie beispielsweise eine zusammengesetzte Zahl nehmen wie 1001, dann ist die auch sehr ungewöhnlich. Nicht deshalb, weil sie in *Tausendundeine Nacht* vorkommt, sondern weil sie sich von vorne wie von hinten lesen lässt. Und weil man sie durch drei aufeinanderfolgende Primzahlen beschreiben kann. Nämlich durch 7 * 11 * 13.

Hier eine Liste der Primzahlen bis Hundert:
2, 3, 5, 7, 11, 13, 17, 19, 23, 29, 31, 37, 41, 43, 47, 53, 59, 61, 67, 71, 73, 79, 83, 89, 97

Sie kennen die Liste vielleicht auch aus Intelligenztests oder Rätselaufgaben. Da steht dann 2, 3, 5, 7 ... und Sie sollen die nächste passende Zahl einsetzen. Falls Sie mit Primzahlen bisher nichts anzufangen wussten und an dieser Frage regelmäßig gescheitert sind, weil es nichts zu addieren oder multiplizieren gab, sollte das jetzt kein Problem mehr sein. Schon haben Sie einen Punkt rausgeholt.

Die Primzahlen sind zwar von allen Zahlen die individuellsten und schillerndsten, aber Zahlen haben überhaupt sehr viel Charakter. Im alten China galten gerade Zahlen als weiblich und ungerade als männlich. Das war auch für Pythagoras und seine Anhänger so, für die die Zahlen nicht nur Eigenschaften, sondern auch Absichten hatten. Die ungeraden Zahlen galten als gut, hell und männlich. Die geraden Zahlen als schlecht, dunkel und weiblich. Für die Pythagoreer bestand die Welt im Wesentlichen aus ganzen Zahlen. Inzwischen sind in dieser Welt natürlich noch einige Zahlen hinzugekommen. So gibt es irrationale Zahlen und komplexe Zahlen, Fibonacci-Zahlen oder befreundete Zahlen. Die befreundeten Zahlen sind noch seltener als die Primzahlen. Definiert sind sie als natürliche Zahlen, von denen die jeweils andere der Summe aller echten Teiler der anderen entspricht. Das erste befreundete Zahlenpaar, auf das wir stoßen, sind 220 und 284. Die Summe der echten Teiler von 220 ist: $1 + 2 + 4 + 5 + 10 + 11 + 20 + 22 + 44 + 55 + 110 = 284$. Und die Summe der echten Teiler von 284 ist: $1 + 2 + 4 + 71 + 142 = 220$. An der Seltenheit der befreundeten Zahlen erkennen Sie, dass Mathematiker die Freundschaft nicht gerade auf die leichte Schulter nehmen.

Ich habe extra etwas ausgeholt und ein wenig über den Charakter und die Eigenarten der Zahlen geredet, damit Sie sehen, wie interessant Zahlen sind und was man alles an Ihnen finden kann, wenn man einmal über sie nachdenkt. Mein Wunsch ist es natürlich, dass Sie selbst eine Beziehung zu einigen Zahlen aufbauen, wenn Sie ein bisschen mehr per Du mit ihnen sind. Nach diesem Schlenker kommen wir aber wieder darauf zurück, wie man sich Zahlen merken kann.

Für den Rest der zehnstelligen Ziffernfolge habe ich folgende Assoziationen:

074 steht für Zweidrittel von 111. 111 ist eine Schnapszahl. Und für mich eine amüsante Zahl. Über die 111 kann ich richtig schmunzeln. Sie entspricht ungefähr $\frac{1}{9}$ von 1 000.

41 und 82 hängen für mich zusammen: 41 ist eine Primzahl, und 82 ist das Doppelte von 41.

Entscheidend ist am Schluss, dass ich, genauso wie Sie, das ursprünglich Erinnerte aus den Assoziationen rekonstruieren kann.

4. Addieren

Addieren ist die Grundrechenart, die im Alltag am häufigsten benötigt und von den meisten als relativ einfach angesehen wird. Trotzdem kann es eine Herausforderung sein, führt doch schon ein kleiner Irrtum unweigerlich zum falschen Ergebnis. Sie können Fehler vermeiden und es sich beim Addieren leichter machen, indem Sie die zu addierenden Zahlen untereinander schreiben.

$$\begin{array}{r} 256 \\ 134 \\ \underline{715} \\ ? \end{array}$$

So können Sie bequem die einzelnen Spalten von rechts nach links durchrechnen: Zuerst die Einer, dann die Zehner und am Ende die Hunderter, so wie wir es in der Schule gelernt haben. Manche Menschen rechnen lieber von links nach rechts. Das ist aber fehlerträchtiger, und Sie müssen sich dabei mehr merken. Bei den Einern rechne ich gewöhnlich von oben nach unten, wobei ich versuche, Zehnerpakete zu bilden. $6 + 4$ ist so ein Zehnerpaket. Die Addition von 5 führt dann zu 15, wobei die 5 als Einerstelle der Ergebniszahl aufgeschrieben wird und ein Übertrag von 1 bleibt. Diesen Übertrag überführe ich direkt zu den Ziffern der Zehnerspalte und addiere ihn mit, ohne ihn groß memorieren zu müssen. Ich rechne also $1 + 5 + 3 + 1 = 10$ und notiere die 0 als Zehnerstelle der Ergebniszahl. Der Übertrag 1 wird im letzten Schritt mit den Ziffern der Hunderterspalte direkt verrechnet. Mit $1 + 2 + 1 + 7 = 11$ sind wir am Ziel. Die Lösung lautet 1 105.

Das war natürlich noch ziemlich einfach. Für manche wird aber die Konzentrationsanforderung ungewohnt sein. Zwar haben wir unser Gedächtnis nicht groß belastet, denn zu keinem Zeitpunkt mussten wir uns mehr als drei Ziffern merken. Trotzdem braucht man hier schon ein bisschen Konzentration, sonst kommt man durcheinander.

Weniger übersichtlich ist eine Additionsaufgabe, wenn die zu addierenden Zahlen hintereinander stehen:

$$256 + 134 + 715 = ?$$

Bei dreistelligen Zahlen lassen sich die Einer-, Zehner- und Hunderterstellen noch recht leicht auseinanderhalten. Bei sieben- oder achtstelligen Zahlen ist das schon viel schwieriger.

$$3478563 + 14578239 + 68220001$$

Selbst wenn wir Punkte in die Aufgabe setzen, um die Stellen zu markieren, ist es unübersichtlich. Sie verschwenden einfach zu viel Energie und Konzentration darauf, sich zu merken, welche Stellen Sie gerade addieren.

$$3.478.563 + 14.578.239 + 68.220.001$$

Wenn die Zahlen untereinanderstehen, ist es deutlich einfacher, weil die Stellen einander schon zugeordnet sind.

$$
\begin{array}{r}
3.478.563 \\
+ 14.578.239 \\
+ 68.220.001 \\
\hline
86.276.803
\end{array}
$$

Die wenigsten Zahlen, mit denen wir im Alltag zu tun haben, sind mehr als sechsstellig. In den Supermärkten sind die

Preise in der Regel drei- oder vierstellig, seltener fünfstellig. Die Herausforderung beim Einkaufen besteht darin, die nicht untereinanderstehenden Beträge im Kopf zusammenzuzählen. Die Wiener Würstchen kosten 1,99 €, das Glas Gurken 1,29 €, der Ketchup 1,49 €, die Tafel Schokolade 79 Cent und die Tüte Chips 1,49 €. Wie würde ich den Gesamtbetrag ermitteln? Ich rechne immer dann, wenn ich nach den Artikeln greife: Zunächst addiere ich 1,99 € + 1,29 € oder einfacher 2,00 € + 1,28 € durch Borgen eines Cents. Ich merke mir 3,28 € und addiere als Nächstes 1,49 € dazu und setze das so fort, bis ich beim letzten Artikel angekommen bin. Ich erhalte 4,77 €, dann 5,56 € und schließlich 7,05 €.

Bei unserem Einkauf ist der Gedächtnisaufwand schon deutlich größer, weil wir nichts aufschreiben können. Bis zu sechs Ziffern müssen wir uns merken, einerseits das dreistellige Zwischenergebnis, andererseits den dreistelligen Preis, den wir gerade dazurechnen. Dazu kommt, dass Sie sich mit jeder Addition ein neues Zwischenergebnis merken müssen, wenn sich das alte gerade in Ihrem Gehirn eingenistet hat. Es gibt viele Möglichkeiten, hier durcheinanderzukommen, denn je mehr Ziffern wir bei einer Rechnung memorieren müssen, desto größer ist das Risiko, sich zu irren. Jetzt wäre also ein guter Zeitpunkt, um Ihre im letzten Kapitel erlernten Merktechnik-Fähigkeiten einzusetzen. Auch das ist nicht einfach, weil sich ja Ihr Zwischenergebnis ständig ändert und Sie sich immer eine neue Geschichte ausdenken müssen. Gleichzeitig müssen Sie behalten, welches die letzte Geschichte war. Der Supermarkt ist zwar nicht gerade ein Ort der Stille und Konzentration, aber probieren Sie es einmal. Möglicherweise ist es für Sie einfacher, sich die letzte Zahl direkt zu merken, so groß sind die Zahlen ja nicht. Einkaufen ist auf jeden Fall eine gute Möglichkeit, das Gedächtnis zu trainieren.

Lassen Sie uns deshalb gleich noch einmal einkaufen gehen. Die meisten Preise enden auf 9. Eine Tafel Schokolade, meine Leibspeise, kostet nie 52 oder 83 Cent, sondern meistens 49, 79 oder 99 Cent. Diesen Umstand können wir für eine Vereinfachung nutzen. Ich rechne einfach in 10-Cent-Einheiten, indem ich alle Preise um einen Cent erhöhe, ermittle dann die Anzahl der Waren in meinem Einkaufswagen und ziehe diese Anzahl in Cent zum Schluss ab. Ich rechne für die Wiener Würstchen 20, das Glas Gurken 13, den Ketchup 15, die Tafel Schokolade 8 und die Tüte Chips 15 Einheiten. Das sind insgesamt 71 10-Cent-Einheiten. Diese ergeben 7,10 €. Für die 5 Artikel ziehe ich 5 Cent ab und gelange so recht bequem zum Ergebnis 7,05 €.

Mit diesen 10-Cent-Einheiten ist das Rechnen leichter geworden, weil wir uns in der Regel nur vier statt sechs Ziffern merken müssen. Damit ist das Supermarkt-Kopfrechnen kaum schwieriger als die schriftliche Addition, die wir vorhin gelöst haben.

Probieren Sie es einmal mit der 10-Cent-Methode: Heute Abend soll es bei Ihnen einen leckeren Salat geben. Leider fehlen Ihnen noch einige Zutaten. Im Supermarkt erstehen Sie eine Gurke für 59 Cent, eine Packung Paprika für 1,99 €, ein Kilo Möhren für 1,29 € und das Balsamico-Dressing für 1,59 €. (Das Ergebnis finden Sie in Kapitel 11.)

An dieser Stelle könnten Sie einwenden, dass nicht jeder Preis auf 9 endet, und damit haben Sie natürlich recht! Bei meinem letzten England-Aufenthalt bin ich sogar auf Milka-Tafeln gestoßen, die im Angebot 47 Pence die Tafel kosteten. Das Problem habe ich für mich gelöst, indem ich gleich sieben Stück genommen habe und dann mit 3,29 Pfund weiterrechnen konnte. Tun Sie in solchen Fällen einfach so, als ob der Preis auf 9 endet, und freuen Sie sich am Ende über das »gesparte« Geld. Es ist besser, eine kleine Ungenauigkeit in Kauf zu nehmen, als die ganze schöne Addition zu riskieren.

Wenn Sie in Ihrem Lieblingsrestaurant Ihren Partner mit Ihren neuen Fähigkeiten beeindrucken wollen, indem Sie ihm vorrechnen, wie viel ihn die Einladung kostet, verfahren Sie genauso wie im Supermarkt. Sie nehmen nur eine andere Summen-Einheit. Sie rechnen also nicht in 10-Cent-, sondern in Euro-Einheiten, denn die Preise im Restaurant enden nicht auf 9 Cent.
Sie beginnen mit einem Aperitif zu je 5,90 €. Ihr Partner isst ein Filet Mignon für 18,90 € und Sie ein Rotbarschfilet für 13,90 €. Zum Nachtisch nehmen Sie beide eine Mousse au Chocolat zu je 4,90 €. Sie rechnen für die beiden Aperitifs jeweils 6, für das Filet Mignon 19, für das Rotbarschfilet 14 und für die beiden Desserts je 5 1-Euro-Einheiten. Mit 6 + 6 + 19 + 14 + 5 + 5 = 55 und 6 Positionen, für die Sie jeweils 10 Cent abziehen, kommen Sie zu dem Resultat 54,40 €.

Alberto Coto, ein spanischer Rechenkünstler und Freund von mir, kann hundert einstellige Zahlen in weniger als 20 Sekunden addieren – eine Weltspitzenleistung! Das sind mehr als 5 Ziffern pro Sekunde. Er verriet mir, dass er sich sicherer fühle, wenn er stets nur eine Ziffer addiere und nicht Zifferngruppen zusammenfasse. Angenommen, wir müssten 7 + 8 + 3 + 6 + 4 + 2 + 8 + 5 + 3 + 2 rechnen. Ich selbst nehme die Ziffern 7 und 3, 6 und 4, 2 und 8 und am Schluss die 5 und 3 und 2 als Zehnerpäckchen wahr. Dann habe ich 40 und die fehlende 8 und bin mit 48 am Ziel. Vielleicht finden auch Sie es hilfreich, solche Zehnerpäckchen zu bilden, zumindest wenn die entsprechenden Ziffergruppen direkt ins Auge fallen, weil sie nebeneinanderliegen. Ansonsten kann es Ihnen leicht passieren, dass Sie die Reihenfolge durcheinanderbringen und nicht mehr wissen, welche Zahlen Sie schon addiert haben.

Am Schluss dieses Kapitels lade ich Sie zu ein paar Übungen ein. Anders als beim Einstufungstest sollen Sie jetzt im Kopf rechnen. Unter Kopfrechnen verstehe ich, dass Sie Ihre Zwischenergebnisse nicht notieren. Allerdings können Sie sich bei den Textaufgaben gerne die Zahlen untereinanderschreiben, wie wir es bei den Beispielaufgaben getan haben. Ihre Lösungsziffern, die Einerstelle, die Zehnerstelle usw. dürfen Sie aufschreiben, und zwar auch schon während Sie noch rechnen. Sobald Sie also einen Teil der Lösung wissen, können Sie ihn hinschreiben. Sie müssen sich diese Lösungsstellen nicht im Kopf merken. Aber wie gesagt: keine Zwischensummen aufschreiben!

1.   Stellen Sie sich bitte vor Ihr Schuhregal und suchen Sie die letzten fünf Paare heraus, die Sie gekauft haben. Addieren Sie jetzt bitte die Größen jedes Paares. Vielleicht haben Sie eine Idee, wie man ganz leicht ähnlich große Zahlen addieren kann. Wie ich das mache, verrate ich Ihnen bei den

Lösungen. Die letzten Schuhe, die ich gekauft habe, hatten die Größen 44, 44, 45, 44 und 45, und damit komme ich auf die Schnapszahl 222.

2.
```
    109
  + 637
  + 819
  ─────
      ?
```

3.
```
   84 025
 + 56 444
 + 31 038
 ────────
        ?
```

4. Carl Friedrich Gauß verblüffte 1787 in der Katharinen-Volksschule in Braunschweig als Neunjähriger seinen Lehrer. Die Aufgabe lautete, alle Zahlen von 1 bis 100 zu addieren. Gauß fand aber eine Abkürzung und rechnete nicht (1 + 2 + 3 + 4 + 5 ...), sondern (1 + 100) + (2 + 99) + (3 + 98) + usw. + (50 + 51) = 101 + 101 + 101 + usw. + 101 – insgesamt 50-mal. Was für ein Ergebnis hatte Gauß raus?
Versuchen Sie jetzt die Zahlen von 1 bis 20 zu addieren. Und wie sieht es mit den Zahlen von 1 bis 50 aus?

5. Schauen Sie sich die ISBN-Nummer auf der Rückseite unseres Buches an. Dort sehen Sie: 978-3-596-18989-2. Also dreizehn Ziffern, die durch Bindestriche voneinander getrennt sind. Die dreistellige Zahl am Anfang ist der Produktcode für ein Buch und sie ist bei allen Büchern 978. Diese Zahl sagt der Kasse im Geschäft: »Ich bin ein Buch. Ich bin keine CD, kein Teddybär und kein Bleistift.« Die einstellige Ziffer danach, die 3, bedeutet, dass es sich um ein deutschsprachiges Buch handelt. Englische Bücher z. B. haben eine 0 oder eine 1 an dieser Stelle, französische Bücher eine 2. Dann folgen zwei Zahlengruppen, die je nach Verlag und Buch unterschiedlich lang sein können. Erst kommt die Nummer des Verlages, bei unserem Buch die 596 für den Fischer Taschenbuch Verlag. Dann folgt die Titelnummer, die unser Buch identifiziert, und zum Schluss haben wir noch eine Prüfziffer. Addieren Sie jetzt bitte im Kopf die einzelnen dreizehn Ziffern.

Versuchen Sie es jetzt bitte noch einmal, und zwar mit Ziffernpaaren. Sie betrachten die ersten beiden Ziffern als eine zweistellige Zahl, dann die nächsten beiden als zweistellige Zahl und so weiter, bis zum Schluss eine übrig bleibt. Addieren Sie die sechs zweistelligen Zahlen und die eine einstellige Zahl im Kopf.

Jetzt berechnen wir die Prüfziffer. Da dies eine etwas anspruchsvollere Aufgabe ist, machen wir es für unser Buch einmal gemeinsam, dann nehmen Sie sich bitte ein anderes Buch aus Ihrem Regal und machen die Aufgabe noch einmal.

Betrachten Sie nur die ersten zwölf Ziffern (978-3-596-18989). Addieren Sie zunächst die Ziffern, die an einer ungeraden Position stehen (Kontrolle: 44). Zu Ihrem Ergebnis addieren Sie dann für jede Ziffer, die an einer geraden Position steht, ihren dreifachen Wert. Ihr jetziges Ergebnis dürfte dreistellig sein (Kontrolle: 158). Streichen Sie die Hunderter- und die Zehnerstelle weg, so dass nur die Einerstelle übrig bleibt. Wenn die Einerstelle null ist, dann ist Ihre Prüfziffer auch null, dieses ist beim vorliegenden Buch nicht der Fall. Hier ziehen Sie die Einerstelle von Zehn ab, und das Ergebnis ist die Prüfziffer unseres Buches, die 2.

Es folgen zwei weitere Beispiele:

Beispiel 1   Wir errechnen die Prüfziffer der folgenden ISBN: 978-3-524-18025-?

Schritt 1 $9 + 8 + 5 + 4 + 8 + 2 = 36$

Schritt 2 $7 * 3 + 3 * 3 + 2 * 3 + 1 * 3 + 0 * 3 + 5 * 3 = 54$

Schritt 3 $36 + 54 = 90$

Schritt 4   Die Einerstelle ist 0, also ist die Prüfziffer auch 0.

Beispiel 2   978-3-524-18026-?

Schritt 1 $9 + 8 + 5 + 4 + 8 + 2 = 36$

Schritt 2 $7 * 3 + 3 * 3 + 2 * 3 + 1 * 3 + 0 * 3 + 6 * 3 = 57$

Schritt 3 $36 + 57 = 93$

Schritt 4   Die Einerstelle ist 3. $10 - 3 = 7$.
7 ist die Prüfziffer.

6.   Sie machen einen Sonntagsausflug. Vom Bahnhof bis zum Minigolfplatz, auf dem Sie eine Runde spielen, müssen Sie 1 200 Meter zurücklegen. Von dort bis zur Anhöhe, von der Sie die Aussicht genießen wollen, führt ein 900 Meter langer Weg, der leicht ansteigt. Jetzt sind Sie zwar oben, aber das Café und der See sind noch 1,8 km entfernt. Endlich sind Sie am See, nehmen ein kurzes Bad und gönnen sich einen Milchkaffee. Auf dem Rückweg zum Bahnhof machen Sie einen Umweg, weil Sie kurz bei einem Freund reinschauen wollen. Zurück sind es 1 100 Meter mehr als hin. Welche Strecke haben Sie insgesamt zurückgelegt?

7.   Beim Metzger wollen Sie für eine Grillparty Fleisch einkaufen. Sie nehmen drei Schaschlikspieße zu je 3,99 €, zwei

Packungen Rostbratwürstchen zu je 2,49 € und drei Schnitzel zu je 2,99 €. Der Metzger will 28,92 € von Ihnen. Stimmt das?

8. Heute will ich mich mit drei Freunden in einem irischen Pub treffen und eine Runde schmeißen. Dummerweise habe ich nur 50 Euro dabei. Alle drei möchten den üppigen Hamburger mit den leckeren Riesenpommes (Preis 8,50 €) und dazu ein Pint Guinness (Sonderpreis 3,90 €). Ich habe mir vorgenommen, der netten Bedienung pro Gast auf jeden Fall 1,00 € Trinkgeld zu geben. Kann ich mir das Gleiche genehmigen wie meine Freunde? Oder muss ich fasten?

9. Sie befinden sich auf einer einwöchigen Radtour durch Dänemark. Am ersten Tag reisen Sie an und nehmen dann die Fähre, so dass Sie insgesamt nur 18 Kilometer radeln. Am nächsten Tag wird Ihre Tagestour mittags wieder unterbrochen, weil Sie auf eine andere Insel übersetzen. Sie haben aber vormittags 13 Kilometer zurückgelegt und nachmittags 28. Am dritten Tag regnet es, und Sie haben schon nach einer Stunde keine Lust mehr. Wegen des miesen Wetters haben Sie nur 7 Kilometer zurückgelegt. Den Rest des Tages verbringen Sie damit, Ihre Sachen zu trocknen und im Café heiße Schokolade zu trinken. Am Tag darauf bläst der Wind endlich aus der richtigen Richtung, und es klart auf, so dass Sie 75 Kilometer in einem Rutsch schaffen. Auch am Tag darauf lacht die Sonne, und Sie legen sogar 81 Kilometer zurück. Am letzten Tag bleiben Ihnen nur noch 34 Kilometer bis nach Odense, von wo aus Sie den Zug nehmen. Wie viele Kilometer sind Sie geradelt?

10. Sandra, eine Freundin von mir, ist eine Leseratte. Um ihr Budget nicht allzu sehr zu strapazieren, hat sie sich vorgenommen, nicht mehr als 50 Euro im Monat für Bücher auszugeben. Am letzten Wochenende im September beschließt sie, auf den Flohmarkt zu gehen. Sie hat diesen Monat schon zwei Krimis gekauft, einer kostete 9,90 €, der andere 8,90 €, und einen gebundenen Roman für 17,99 €. Außerdem hat sie in der Schnäppchen-Ecke zugeschlagen und drei dicke historische Romane à 3,50 € gekauft. Für wie viele Flohmarkt-Exemplare à 1,50 € reicht ihr Budget noch?

5. Subtrahieren

Mein Verhältnis zur Subtraktion ist, gelinde gesagt, angespannt. Ich mochte sie noch nie besonders, aber endgültig unten durch war diese Grundrechenart für mich, als mir bei Günther Jauch ein Subtraktionsirrtum unterlief. In einer Live-Sendung, am 2. Dezember 2009 um 22:36:05 Uhr, sollte ich feststellen, wie viele Sekunden es noch bis Heiligabend um 18:00:00 Uhr sind. Ich fand schnell heraus, dass 22 Tage 1 900 800 Sekunden entsprechen. Damit hatte ich die Anzahl der Sekunden bis Heiligabend um 22:36:05 Uhr ermittelt. Das Problem war aber, 4 Stunden, 36 Minuten und 5 Sekunden von 1 900 800 Sekunden abzuziehen, denn der 2.12. war ja schon zum größten Teil vorbei. Ich wandelte also die 4 Stunden, 36 Minuten und 5 Sekunden in 16 565 Sekunden um, habe dann aber statt 16 565 von 1 900 800 abzuziehen, 16 655 Sekunden abgezogen. Genau genommen habe ich also nicht falsch gerechnet, sondern mir nur die Zahl, die ich abziehen wollte, falsch gemerkt. Wenn Ihr Gedächtnis Sie also wieder einmal im Stich lässt – und wenn Sie nicht eine Art unentdeckter Rüdiger Gamm sind, wird das unweigerlich passieren –, dann denken Sie an mich, wie ich völlig verdattert bei Günther Jauch vor einem Millionenpublikum stehe, als mir mitgeteilt wird, dass ich falsch gerechnet habe.

Subtraktionen, genauso wie Additionen, erfordern also, auch wenn sie zunächst einfach erscheinen, Sorgfalt und Konzentration und sind nicht zu unterschätzen.

Wo wir gerade beim Unangenehmen sind, möchte ich gleich ein weiteres ungeliebtes Thema ansprechen. Es geht um das Üben, in dem viele Leute nichts als eine stupide Wiederholung des Gelernten sehen. Zweck des Übens ist offiziell, die Lerninhalte hochgradig zu beherrschen. Wenn Sie üben, festigen Sie das Erlernte und sind dann in der Lage, Transferschlüsse zu ziehen, indem Sie das Gelernte auch auf neue Situationen übertragen oder in einen ganz neuen Kontext stellen. Diese oberflächliche Definition will ich genauer hinterfragen und Ihnen erläutern, welche Rolle das Üben hat.

Üben hängt offenbar eng mit dem Lernen zusammen. Lernen wird in den Humanwissenschaften und hier speziell in den Disziplinen Psychologie, Pädagogik, Philosophie, Medizin, Neurowissenschaften und Biologie, wie ein Heiligtum behandelt. Man umschreibt das Lernen, ohne genau darauf einzugehen. Da lesen Sie beispielsweise Sätze wie: »Mit dem Lernen vollzieht sich eine gewisse Zustandsveränderung«, »Ein vorher nicht bekannter Zusammenhang ist erkannt und verstanden worden«, »Es hat sich eine gewisse Einsicht eingestellt«, »Dieses muss aber nicht unbedingt bewusst stattgefunden haben«, »Lernen geschieht meistens beiläufig.«

Sie sehen, dass keine der aufgezählten Formulierungen das Lernen wirklich beschreibt. Vielmehr wird Lernen, wie in den Humanwissenschaften üblich, nur umschrieben. Keiner scheint aber genau zu verstehen oder zu wissen, was Lernen eigentlich ist. Wüssten wir das, hätten wir vermutlich nicht so einen Bildungsnotstand in Deutschland.

Es gibt viele Lernmethoden, und jede von ihnen wird sicher auch immer für einen Teil der Menschen funktionieren, insbesondere bei denjenigen, die schon an einer Methode an sich

Spaß haben. Erwarten Sie von mir bitte keine neue Methode, wie Sie noch schneller mit noch weniger Aufwand lernen können. Meine Meinung ist, dass Sie am besten lernen, wenn Sie sich ein bisschen mit einer Sache beschäftigen. Und zwar möglichst auf spielerische und kreative Weise. Lösen Sie die Aufgaben, aber denken Sie sich auch selbst neue aus. Integrieren Sie das Erlernte in Ihren Alltag. Probieren Sie ein bisschen herum und experimentieren Sie. Packen Sie Ihren Tag in Rechenaufgaben. Veranstalten Sie Kopfrechenwettbewerbe mit Ihren Kindern oder machen Sie es sich zur Routine, Ihre Einkäufe im Kopf zusammenzurechnen. Wenn Sie im Stau stehen, addieren, multiplizieren oder dividieren Sie die Autokennzeichen um sich herum.

Machen Sie nicht alles auf einmal, sondern in kleinen Häppchen und lassen Sie Ihrem Gehirn ein wenig Zeit, den Stoff zu verarbeiten. Lernen ist wie Rechnen nicht wirklich schwer, Sie müssen sich etwas Zeit nehmen, dranbleiben und sich auf die Aufgaben einlassen. Sie können die Aufgaben im Buch auch nach einiger Zeit noch einmal rechnen, wenn Sie das Gefühl haben, dass noch nicht alles sitzt.

Glauben Sie vor allem nicht, dass andere nicht lernen müssten. Wenn ich Spanisch lerne, dann muss ich leider genauso Vokabeln pauken wie Sie. »Übung macht den Meister«, ist zwar eine Weisheit, die die meisten von uns schon als Kinder in der Schule gehasst haben, aber sie ist trotzdem wahr. Alle revolutionären Erkenntnisse der Gehirnforschung werden daran vermutlich nichts ändern. Es ist keine Schande, etwas (noch) nicht so gut zu können. Wichtig ist, dass man selbst den Wunsch hat, sich auf einem Gebiet zu verbessern, und bereit ist, ein wenig Zeit und auch etwas Anstrengung zu investieren. So kommt man zum Ziel.

Schauen wir uns nun ein Beispiel für eine Subtraktion an: Was ergibt 523 – 341? Oder wenn wir die Zahlen untereinanderschreiben:

$$
\begin{array}{r}
523 \\
-\,341 \\
\hline
?
\end{array}
$$

Können Sie das im Kopf rechnen? Oder haben Sie es schriftlich probiert? Sind Sie von links nach rechts oder von rechts nach links vorgegangen? Ich selbst gehe so vor: Ich betrachte die Einerstellen und rechne 3 – 1 und habe 2 als Einerstelle der Lösung. Bei den Zehnerstellen rechne ich 2 – 4 gleich 8 und habe 8 als Zehnerstelle der Lösung. Am Schluss rechne ich bei den Hunderterstellen 4 – 3 und gewinne die 1 als Hunderterstelle der Lösung. Das Ergebnis lautet also: 182.

Jetzt fragen Sie sich vielleicht, wie ich bei den Zehnerstellen behaupten kann, dass 2 – 4 auf einmal 8 ist. Gute Frage! Tatsächlich stand ich vor dem Problem, von 2 Zehnern, also 20, 4 Zehner, also 40, abzuziehen. Ich habe versucht, das Problem zu lösen, indem ich mir einen Hunderter geborgt habe. Also habe ich nicht von 20, sondern von 120 4 Zehner, also 40, abgezogen – kein Problem! Entsprechend habe ich bei der Hunderterstellenberechnung nicht mit 5, sondern mit 4 Hundertern gearbeitet.

Wenn ich subtrahiere, sehe ich in meiner Vorstellung ein Zahlenrad, das mit den Ziffern 0 bis 9 versehen ist. Bei der

Startposition steht die 0 ganz oben. Rechts von der Null steht die Eins.

Wenn ich nun eine Ziffer abziehen will, dann stelle ich mir die Ziffer, von der subtrahiert wird, oben auf der Nullerposition vor und bewege das Ziffernrad im Uhrzeigersinn um die Menge der Einheiten weiter, die ich abziehen muss. Wenn ich also 2 – 4 rechnen soll, ist zunächst die 2 ganz oben. Dann drehe ich das Ziffernrad 4 Einheiten im Uhrzeigersinn weiter. Wenn wir eine Einheit weiterdrehen, steht erst die 1 oben, beim zweiten Schritt ist es die Null, dann folgt die Neun und beim vierten Schritt die Acht. Somit steht die Ziffer 8 ganz oben. Während des Drehens wandert die 0 von links nach rechts. Wenn die 0 die Position ganz oben durchlaufen hat, weiß ich, dass ich eine Einheit von der nächsthöheren Stelle borgen muss. Mit dieser Vorstellung fühle ich mich beim Subtrahieren sicherer und begehe weniger Irrtümer. Sie können meine Methode auch einmal ausprobieren. Manche springen gleich darauf an, andere müssen erst ein bisschen üben, und wieder andere finden sie zu kompliziert.

Bei dieser Vorgehensweise müssen Sie sich nie mehr als drei Ziffern auf einmal merken. Sie ziehen, ggf. mit Hilfe des

Ziffernrades, immer eine Ziffer von der anderen Ziffer ab. Häufig tritt der Fall ein, dass Sie eine Einheit der nächsthöheren Stelle borgen müssen. Diese –1 müssen Sie sich zusätzlich merken. Ich bin der Ansicht, dass mit dieser Vorgehensweise der Gedächtnisaufwand gering ist.

Sie werden feststellen, dass Sie etwa jedes zweite Mal eine Einheit bei der nächsthöheren Stelle borgen müssen. Nun kann aber auch der Fall eintreten, dass es bei der nächsthöheren Stelle nichts zu borgen gibt, weil da eine Null steht. Dann gehen Sie natürlich zur übernächsten Stelle und borgen sich dort etwas, was leider den Gedächtnisaufwand um 2 Ziffern erhöht. Hier ein Beispiel:

$$\begin{array}{r} 1\,023 \\ -\ 341 \\ \hline ? \end{array}$$

Sie rechnen wie in der vorherigen Aufgabe: Bei der Einerstelle ist die Lösung 2 (= 3 – 1), bei der Zehnerstelle 8 (= 2 – 4). Allerdings kann kein Hunderter geborgt werden, weil die Hunderterstelle eine Null ist. Die Lösung dieses Problems ist aber auch hier recht einfach: Sie borgen stattdessen einen Hunderter beim Tausender und behandeln diesen in der Folge wie 9 Hunderter, die 1 ziehen Sie gleich ab. Zuletzt erhalten Sie als Hunderterstelle die 6 (= 9 – 3). Das Ergebnis lautet 682.

Ein wichtiges Anwendungsfeld für das Subtrahieren ist die Budgetplanung. Sie haben pro Monat ein bestimmtes Netto-Einkommen und versuchen dieses so geschickt wie möglich aufzuteilen. Nehmen wir an, Sie, Ihr Partner und die beiden Kinder hätten netto insgesamt 3 000 € zur Verfügung. Die

Kaltmiete beträgt 700 €. Für Nahrungsmittel benötigen Sie 500 €, der Unterhalt Ihres Autos kostet Sie 400 €, und für den Sommerurlaub planen Sie einmalig 2 400 € ein, die Sie auf zwölf Monate verteilen, so dass jeden Monat 200 € zurückgelegt werden müssen. Für Kleidung, Versicherungen und Wohn-Nebenkosten kommen noch mal 400 € dazu. Wie viel können Sie für Ihre Hobbys noch ausgeben, wenn jedes Familienmitglied die gleiche Summe für seine Lieblingsaktivitäten ausgeben darf? Sie können das natürlich so rechnen, wie wir es in der Schule gelernt haben:

$$
\begin{array}{r}
3\,000 \\
-\quad 700 \\
-\quad 500 \\
-\quad 400 \\
-\quad 200 \\
-\quad 400 \\
\hline
800
\end{array}
$$

Sie zählen die Hunderterstellen zusammen, denn dass die Einer- und die Zehnerstellen zu Nullen werden, ist ja klar, kommen auf 22 und ziehen diese 22 von 30 ab.

Ich würde es anders machen. Der Einfachheit halber würde ich mit Hundert-Euro-Einheiten rechnen, denn ich versuche immer große Zahlen zu verkleinern. Mit kleinen Zahlen rechnet es sich einfacher. Sie ziehen von den 3 000 € oder von 30 Hundert-Euro-Einheiten 7 Hunderter für die Kaltmiete, 5 Hunderter für Nahrungsmittel, 4 Hunderter für Ihr Auto, 2 Hunderter für den Urlaub und zuletzt 4 Hunderter für Kleidung, Versicherungen und Wohn-Nebenkosten ab. Sie rechnen tatsächlich 30 − 7 − 5 − 4 − 2 − 4 = 8. Dann fügen Sie die beiden Nullen wieder an und finden heraus, dass Ihre Familie insgesamt 800 € und Sie wie jedes andere Familienmitglied 200 € für Ihre Hobbys ausgeben können.

Natürlich würden im wirklichen Leben noch einige Posten dazukommen und die meisten Beträge auch nicht glatt aufgehen. Um die Rechnung zu vereinfachen, können Sie die Beträge durch Annäherungswerte ersetzen. Statt mit 389,65 € können Sie einfacher mit 390,00 € rechnen oder sogar mit 400,00 €, je nachdem, wie viel Genauigkeit gefragt ist.

Jetzt machen wir das Ganze noch einmal mit dem Ziffernrad. Wenn Sie mehrere Zahlen voneinander abziehen, dreht sich das Ziffernrädchen mehrfach. Das ist aber nicht schlimm, Sie müssen nur im Kopf behalten, wie häufig die 0 ihre Ursprungsposition (auf 12 Uhr) durchläuft. Bei 30 − 7 − 5 − 4 − 2 − 4 = 8 tut sie das dreimal. Also müssen drei Einheiten von der nächsthöheren Stelle, der Zehnerstelle, geborgt werden. In unserem Beispiel ergibt sich die Rechnung 3 − 3 = 0. Deshalb ist die Zehnerstelle der Lösung eine 0, die nicht geschrieben werden muss.

Der gesamte Rechenvorgang sieht dann so aus:

Schritt 1

0 − 7

Die Null steht oben, weil die Einerstelle der 30, von der wir subtrahieren, eine Null ist. Jetzt drehen wir das Rad sieben Stellen nach rechts und haben die 3 oben. Die Null ist einmal durch.

Schritt 2

3 − 5

Die 3 steht oben. Das Rad wird um 5 Stellen nach rechts gedreht. Die Null ist ein zweites Mal durch, oben steht jetzt die 8.

Schritt 3

8 − 4

Die 8 steht oben. Wir drehen 4 Stellen nach rechts. Die 4 steht oben. Die Null wird hier nicht passiert, so dass es dabei bleibt, dass die Null zweimal durch ist.

Schritt 4

4 − 2

Die 4 steht oben. Wir drehen 2 Stellen nach rechts, und die 2 landet oben. Wieder wurde die Null nicht passiert. Es bleibt dabei: Die Null ist insgesamt zweimal durch.

Schritt 5

2 – 4

Die 2 steht oben. Wir drehen vier Stellen nach rechts, passieren dabei die Null und kommen zur 8. Die Null ist dreimal durch. Die 8 ist das Einerergebnis.

Schritt 6

Weil die Null dreimal durch ist, muss ich von meiner 3 (Zehnerstelle) 3 Zehner abziehen und habe null Zehner und acht Einer übrig und komme auf 8.

Sie können Subtraktion und Addition auch kombinieren. Allerdings müssen Sie dann die Dynamik des Ziffernrädchens im Auge behalten. Ein Beispiel: Beim Roulette setzen Sie 40 auf Rot und gewinnen 80 €. Dann setzen Sie 60 auf Ungerade und gewinnen 120 €. Zum Schluss setzen Sie 100 € auf den Vierling 1 – 2 – 4 – 5 und haben Pech, weil die 3 kommt. Wie sieht Ihre Bilanz aus? Sie rechnen am einfachsten mit Zehn-Euro-Einheiten. Bitte bedenken Sie, dass Einsätze negativ und Gewinne positiv in die Bilanz eingehen. Wir erhalten, wenn die Gewinne vor den Einsätzen erfasst werden: 8 – 4 + 12 – 6 + 0 – 10 = 0. Wir ziehen die Einsätze einfach von den Gewinnen pro Aktion ab und addieren dann die drei Spiele. Auf diese Weise finden wir heraus, wie viel Gewinn wir gemacht haben. Die 0 vor der −10 steht für den entgangenen Gewinn bei der Vierlingsaktion. Die 0 nach dem Gleichheitszeichen bedeutet, dass Sie am Ende weder Geld verloren noch gewonnen haben. Sie haben Ihre eingesetzten 40 Euro genau wieder herausbekommen.

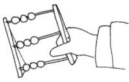 Zum Schluss dieses Kapitels habe ich wieder ein paar Übungsaufgaben für Sie.

1. Berechnen Sie 987 − 876, 678 − 589 und 1 111 − 999.

2. Zusammen mit Ihrem Freund und mit 47,52 € in der Tasche gehen Sie auf die Kirmes. Sie wollen ihn einladen. Ein Ticket für die Achterbahn kostet 7,00 €, für eine Fahrt im Riesenrad zahlen Sie 7,50 €, und für die Geisterbahn gilt das Sonderangebot von 5,50 €. Können Sie sich dann auch noch für jeden ein Crêpe zu 3,50 € leisten? Und wenn ja, wie viel Geld bleibt für Sie übrig?

3. Sie planen eine Jubiläumsveranstaltung und erhalten von Ihrem Auftraggeber ein Gesamtbudget von 10 000 €. Die Raummiete kostet 1 190 €. Essen und Getränke für die 80 geladenen Gäste werden mit 3 808 € veranschlagt. Die Honorare für die Live-Bands betragen insgesamt 2 618 €. Die verbleibenden Positionen sind mit 1 785,00 € berechnet worden. Versuchen Sie zu schätzen, wie viel Geld vom Gesamtbudget übrig geblieben ist. Wählen Sie dafür geeignete Euro-Einheiten, mit denen sich besonders leicht rechnen lässt.

4. Was ergibt 100 − 99 + 98 − 97 + 96 − 95 + 94 − 93 + 92 − 91 ?

5. Sie haben 1 000 000 € im Lotto gewonnen und müssen gegenüber zehn Leuten eine Wette einlösen: Der Erste erhält 1 000 €, der Zweite das Doppelte des Ersten, der Dritte das Doppelte des Zweiten. Und so geht es weiter bis zum Zehnten, der das Doppelte des Neunten erhält. Was für Folgen hat diese Wette für Sie? Schätzen Sie zunächst das Ergebnis.

6. Das Budget für Reisekosten und Bewirtung beträgt in Ihrer Abteilung jeden Monat 1 400 €. Sie haben einen Kunden in Hamburg besucht und sich ein Erste-Klasse-Ticket im ICE gegönnt, weil Sie im Zug in Ruhe an einer Präsentation arbeiten wollten. Das Ticket für die Hin- und Rückfahrt hat 304 € gekostet. Für die Übernachtung im Hotel haben Sie 88 € bezahlt und für den WLAN-Anschluss noch mal 5 €. Sie sind mit dem Taxi ins Restaurant »Zum fröhlichen Angler« gefahren, die Hinfahrt betrug 15,40 €, die Rückfahrt war etwas länger und kostete 17 €. Gegessen haben Sie für 85 €. Außerdem müssen Sie noch Ihre Spesen in Höhe von 26 € vom Budget abziehen. Wie viel haben Sie übrig, um Ihre Stellvertreterin noch in diesem Monat auf eine Konferenz nach Athen zu schicken?

7. Berechnen Sie 27 – 9 – 3 – 8 – 5 mit dem Ziffernrädchen. Wie oft ist die Null oben durchgelaufen?

6. Multiplizieren

Was wir bisher gemacht haben, war rechnerisch meist noch nicht sehr anspruchsvoll. Ein gewisser Schwierigkeitsgrad hat sich jedoch daraus ergeben, dass Sie ja nicht nur gerechnet haben, sondern sich immer auch mehrere Zahlen merken mussten. Die vorletzte Subtraktionsaufgabe zum Beispiel war nicht gerade einfach. Wenn es also nicht immer auf Anhieb mit dem Selbstrechnen klappt, geben Sie nicht auf, sondern versuchen Sie es – vielleicht mit etwas zeitlichem Abstand – noch einmal.

Weil es jetzt ein bisschen komplizierter wird und wir Aufgaben rechnen werden, für die man mehrere Schritte braucht, möchte ich Ihnen zunächst erklären, was ein Algorithmus ist. Was so geheimnisvoll klingt, ist nichts anderes als eine Anleitung, wie in bestimmten Schritten und mit festgelegten Ressourcen ein Anfangszustand in einen Zielzustand überführt werden kann. Der Begriff leitet sich aus dem Namen des persischen Mathematikers Mohammed Ibn Musa al-Charismi ab, der im 9. Jahrhundert in Bagdad am Hofe des Abbasidenkalifen al-Mamun lebte. Aus Algorismi, der latinisierten Form seines Beinamens (»der aus Charism«), entwickelte sich das Wort Algorithmus. Sein Werk über Algebra *al-jabr wa al-mukabala* machte die arabische Welt mit den neuen indischen Zahlen und Rechenmethoden vertraut. Aus »al-jabr« leitet sich wiederum unser Wort Algebra ab.

Als Beispiel für einen Algorithmus nehmen wir die Zubereitung einer Tasse Kaffee:

Anfangszustand: Kein trinkbarer Kaffee vorhanden.

Zielzustand: Frisch aufgebrühter Kaffee vorhanden (eventuell mit Milch und Zucker).

Ressourcen: Kaffee, Kaffeemaschine, Filter, Wasser, Strom, Tasse, evtl. Milch, evtl. Zucker.

Anleitungsschritte (= Algorithmus)

1. Füllen Sie Wasser in die Wasserkammer der Kaffeemaschine. Beachten Sie die Maxi- und Minimumgrenzen.
2. Legen Sie einen Filter in den dafür vorgesehenen Filterbehälter so ein, dass er geöffnet und der Seitenfalz eingeknickt ist.
3. Füllen Sie die gewünschte Menge Kaffee in den Filter.
4. Schließen Sie die Kaffeemaschine an das Stromnetz an.
5. Schalten Sie die Kaffeemaschine ein.
6. Warten Sie so lange, bis der Kaffee fertig ist.
7. Heben Sie die Kanne an und schütten Sie den Kaffee in eine Tasse.
8. Fügen Sie nach Belieben Zucker hinzu.
9. Verwenden Sie nach Belieben Milch.

Jedes Rechenverfahren in diesem Buch kann als Algorithmus aufgefasst werden. Der Anfangszustand ist die Aufgabe ohne Lösung, der Zielzustand die Aufgabe mit Lösung. Die Ressource sind Sie, weil Sie die Rechenschritte ausführen, so wie die Kaffeemaschine den Kaffee zubereitet.

Bei der Konstruktion eines Algorithmus sollten Sie schlauerweise immer folgendermaßen vorgehen: Vereinfachen Sie ein schwieriges Problem, indem Sie es in mehrere leichtere zerlegen. Setzen Sie die Lösungen der einfacheren Probleme so zusammen, dass Sie die Lösung des schwierigeren Problems erhalten.

Beispiel: Berechnen Sie die Multiplikationsaufgabe 6 * 12. Eine mögliche algorithmische Lösung dieser Aufgabe wäre die Zerlegung der Aufgabe in zwei einfachere Multiplikationsaufgaben, nämlich 6 * 10 und 6 * 2. Sie ermitteln die Lösungen der einfacheren Multiplikationsaufgaben 6 * 10 = 60 und 6 * 2 = 12 und setzen diese Lösungen durch Addition so zusammen, dass Sie die Lösung des Ausgangsproblems erhalten: 60 + 12 = 72.

Die Multiplikation ist nichts anderes als eine Mehrfach-Addition. Statt 3 + 3 + 3 + 3 schreiben wir einfach 4 * 3, weil 4 Dreien addiert werden sollen. Viele leidenschaftliche Kopfrechner sind von der Multiplikation fasziniert, weil man hier immer wieder spannende neue Rechenwege finden kann.

Da ich nicht weiß, wie es Ihnen mit dem Multiplizieren geht, fangen wir ganz einfach mit dem kleinen 5 * 5 an. Zum besseren Überblick finden Sie das kleine 5 * 5 auch in der Tabelle.

1 * 1 = **1**	1 * 2 = 2	1 * 3 = 3	1 * 4 = 4	1 * 5 = 5
2 * 1 = 2	2 * 2 = **4**	2 * 3 = 6	2 * 4 = 8	2 * 5 = 10
3 * 1 = 3	3 * 2 = 6	3 * 3 = **9**	3 * 4 = 12	3 * 5 = 15
4 * 1 = 4	4 * 2 = 8	4 * 3 = 12	4 * 4 = **16**	4 * 5 = 20
5 * 1 = 5	5 * 2 = 10	5 * 3 = 15	5 * 4 = 20	5 * 5 = **25**

Dass bei der Multiplikation einer Zahl mit 1 immer dieselbe Zahl rauskommt, ist Ihnen bestimmt klar. Damit entfallen schon mal die linke Spalte und die obere Zeile unserer Abbildung. Dass die Reihenfolge der zu multiplizierenden Zahlen keine Rolle spielt, wissen Sie auch. Das, was über der Diagonale mit den fettgedruckten Ergebnissen steht, müssen Sie also nicht lernen, weil es unterhalb der Linie noch einmal steht, nur andersherum. Somit bleiben noch zehn Produkte übrig, die wie ein Dreieck angeordnet sind. Dies ist das Einzige vom kleinen 5 ∗ 5, was Sie tatsächlich auswendig lernen müssten (wenn Sie es nicht schon könnten).

Multipliziert man eine Zahl mit sich selbst, nennt man das Produkt eine Quadratzahl: 4 ∗ 4 = 16. 16 ist ein Beispiel für eine Quadratzahl. Die Quadratzahlen spielen bei Multiplikationen eine wichtige Rolle und sind deshalb in der Tabelle fett markiert.

Jetzt denken Sie vielleicht, dass ich die 0 bei der Multiplikation außen vor gelassen habe. Das stimmt, und zwar deshalb, weil jede Multiplikation einer beliebigen Zahl mit 0 immer 0 ergibt. Wenn Sie Kölner sind, dann wissen Sie das ohnehin, weil Sie den Refrain des Karnevalsklassikers »En d'r Kaygass Nr. Null« immer mitsingen und es da heißt »Dreimol Null is Null bliev Null«. (Falls Sie selbst in der Kaygass beim Lehrer Welsch in der Schule waren, ist es möglicherweise auch das Einzige, was Sie dort gelernt haben.)

Wenn Sie mit dem kleinen 5 ∗ 5 vertraut sind, können Sie mittels der Fingermathematik spielend auch größere Zahlen miteinander multiplizieren. Fingermathematik ist nicht nur etwas für Kinder, sondern eignet sich für jeden, der das 1 * 1 bis 15 nicht im Kopf hat. Die Zahlen lassen sich mühelos mit den Händen darstellen und so können Sie die Multiplikationstafel bis 15 leicht herleiten.

Fall 1

Die zwei zu multiplizierenden Zahlen liegen zwischen 10 und 15 (jeweils einschließlich, das gilt auch für alle weiteren Fälle). Beispiel: 12 * 13.

Schritt 1 Darstellung der Zahl 12. Denken Sie sich 10 und zeigen Sie 2, um die 12 zu meinen. Sie strecken mit einer Hand, egal welcher, einfach zwei Finger nach oben aus.

Schritt 2 Darstellung der Zahl 13. Denken Sie sich 10 und zeigen Sie 3, um die 13 zu meinen. Sie strecken mit der anderen Hand einfach drei Finger nach oben aus.

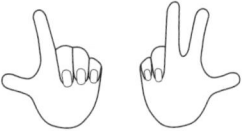

Schritt 3 Sie gehen von der Zahl 100 aus, addieren für jeden ausgestreckten Finger einen Zehner und erhalten 150 als Zwischenergebnis.

Schritt 4 Zum Schluss addieren Sie 2 * 3, also die ausgestreckten Finger der einen Hand mal die ausgestreckten Finger der anderen Hand, und erhalten das Ergebnis 156.

Probieren Sie Fall 1 mit 11 * 14, 13 * 13, 15 * 15 und 10 * 11.

Fall 2

Die zwei zu multiplizierenden Zahlen liegen zwischen 5 und 10. Beispiel: 8 * 9.

Schritt 1 Darstellung der Zahl 8. Denken Sie sich 10 und zeigen Sie 2, um die 8 zu meinen. Sie strecken mit einer Hand einfach zwei Finger aus, die Sie nach unten richten, weil Sie 2 von 10 abgezogen haben.

Schritt 2 Darstellung der Zahl 9. Denken Sie sich 10 und zeigen Sie 1, um die 9 zu meinen. Sie strecken mit der anderen Hand einfach einen Finger nach unten aus, weil Sie 1 von 10 abgezogen haben.

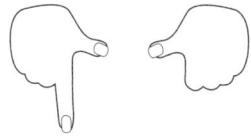

Schritt 3 Sie gehen von der Zahl 100 aus, subtrahieren für jeden nach unten ausgestreckten Finger einen Zehner und erhalten 70 als Zwischenergebnis.

Schritt 4 Addieren Sie zum Schluss 2 * 1, also die ausgestreckten Finger der einen Hand mal die ausgestreckten Finger der anderen Hand, und erhalten das Ergebnis 72.

Probieren Sie Fall 2 mit 9 * 6, 7 * 7, 5 * 5 und 10 * 9.

Fall 3

Eine zu multiplizierende Zahl liegt zwischen 5 und 10, die andere zwischen 10 und 15. Beispiel: 7 * 12.

Schritt 1   Darstellung der Zahl 7. Denken Sie sich 10 und zeigen Sie 3, um die 7 zu meinen. Sie strecken mit einer Hand einfach drei Finger aus, die Sie nach unten richten, weil Sie 3 von 10 abgezogen haben.

Schritt 2   Darstellung der Zahl 12. Denken Sie sich 10 und zeigen Sie 2, um die 12 zu meinen. Sie strecken mit der anderen Hand einfach zwei Finger nach oben aus.

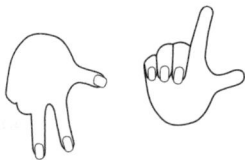

Schritt 3   Sie gehen von der Zahl 100 aus und subtrahieren für jeden nach unten ausgestreckten Finger einen Zehner. Für jeden nach oben ausgestreckten Finger addieren Sie einen Zehner und erhalten 90 als Zwischenergebnis.

Schritt 4   Sie subtrahieren zum Schluss 3 * 2, also die ausgestreckten Finger der einen Hand mal die ausgestreckten Finger der anderen Hand, und erhalten das Ergebnis 84.

Probieren Sie Fall 3 mit 9 * 14, 13 * 7, 5 * 15 und 10 * 11.

Fall 4
Eine zu multiplizierende Zahl liegt zwischen 0 und 5, die andere zwischen 10 und 15. Beispiel: 4 * 13.

Schritt 1   Darstellung der Zahl 4. Denken Sie sich 0 und zeigen Sie 4, um die 4 zu meinen. Sie strecken mit einer Hand vier Finger nach oben aus.

Schritt 2 Darstellung der Zahl 13. Denken Sie sich 10 und zeigen Sie 3, um die 13 zu meinen. Sie strecken mit der anderen Hand einfach drei Finger nach oben aus.

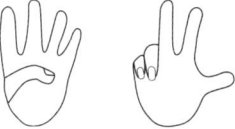

Schritt 3 Sie hängen an die kleinere Zahl, hier die 4, eine Null an und erhalten 40 als Zwischenergebnis.

Schritt 4 Sie addieren zum Schluss 4 * 3, also die ausgestreckten Finger der einen Hand mal die ausgestreckten Finger der anderen Hand, und erhalten das Ergebnis 52.

Probieren Sie Fall 4 mit 4 * 14, 13 * 3, 5 * 15 und 5 * 11.

Fall 5

Eine zu multiplizierende Zahl liegt zwischen 0 und 5, die andere zwischen 5 und 10. Beispiel: 4 * 8.

Schritt 1 Darstellung der Zahl 4. Denken Sie sich 0 und zeigen Sie 4, um die 4 zu meinen. Sie strecken mit einer Hand vier Finger nach oben aus.

Schritt 2 Darstellung der Zahl 8. Denken Sie sich 10 und zeigen Sie 2, um die 8 zu meinen. Sie strecken mit der anderen Hand einfach zwei Finger nach unten aus, weil Sie 2 von 10 abgezogen haben.

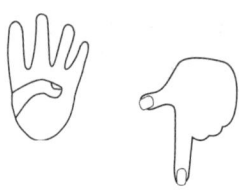

Schritt 3 Sie hängen an die kleinere Zahl, hier die 4, eine Null an und erhalten 40 als Zwischenergebnis.

Schritt 4 Subtrahieren Sie zum Schluss 4 ∗ 2, also die ausgestreckten Finger der einen Hand mal die ausgestreckten Finger der anderen Hand, und Sie erhalten das Ergebnis 32.

Probieren Sie Fall 5 mit 4 ∗ 9, 3 ∗ 7, 5 ∗ 10 und 2 ∗ 8.

Was genau haben wir gemacht? Mit den ersten beiden Schritten stellen wir die zu multiplizierenden Zahlen nur dar. Wenn beide Zahlen zwischen 5 und 15 liegen, gehen Sie jeweils von 10 aus und strecken so viele Finger nach oben beziehungsweise nach unten aus, bis Sie die jeweilige Zahl erreicht haben. Die nach oben ausgestreckten Finger können als positive, die nach unten ausgestreckten Finger als negative Finger betrachtet werden. Wenn eine Zahl zwischen 0 und 5 liegt, gehen Sie von 0 aus und strecken so viele Finger nach oben aus, bis Sie die Zahl erreicht haben. Die Schritte drei und vier stehen für den Vollzug der Multiplikation. Im Schritt 3 wird, wenn beide Zahlen zwischen 5 und 15 liegen, immer von 100 ausgegangen. Dann wird für jeden nach oben ausgestreckten Finger ein Zehner addiert und für jeden nach unten ausgestreckten Finger ein Zehner subtrahiert. Liegt eine der zu multiplizierenden Zahlen zwischen 0 und 5, wird an diese

Zahl einfach eine Null angehängt, und Sie haben Schritt 3 erledigt. Im letzten, vierten Schritt, bilden Sie das Produkt der ausgestreckten Finger der beiden Hände. Sind die Finger beider Hände in die gleiche Richtung ausgestreckt, addieren Sie das Produkt zum Zwischenergebnis aus Schritt 3. Gehen Ihre Hände in unterschiedliche Richtungen, ziehen Sie das Produkt vom Zwischenergebnis ab.

Die 0 und die 1 können Sie als Faktoren eigentlich ganz ausklammern, weil mit ihnen nicht »echt« gerechnet werden muss. Ich hätte hier also auch »Wenn die Zahl zwischen 2 und 5 liegt« schreiben können. Sind eine oder beide zu multiplizierenden Zahlen 5 oder 10, können Sie die Multiplikation besonders einfach lösen. Bei der 10 hängen Sie einfach eine Null an und bei der 5 hängen Sie die Null an und halbieren dann noch. Die besonders einfache Multiplikation 10 * 10 können Sie wahlweise dem Fall 1, dem Fall 2 oder dem Fall 3 zuordnen. Mit der 100 sind Sie direkt am Ziel, weil keine Finger ausgestreckt werden mussten und somit keine Additionen oder Subtraktionen erforderlich sind. Auch Schritt 4 hat sich hier direkt erledigt, weil nichts mehr subtrahiert oder addiert werden musste.

Probieren Sie mit der Fingermathematik folgende Multiplikationen aus: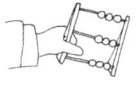

| 11 * 12 | 3 * 14 | 7 * 15 | 5 * 12 | 7 * 9 |
| 14 * 15 | 2 * 8 | 12 * 4 | 6 * 13 | 10 * 15 |

Die Zahlen von 15 bis 25 lassen sich ebenfalls leicht mit den Händen darstellen. Wir konzentrieren uns auf nur zwei Fälle, auf die wir in Kapitel 10 zurückkommen:

Fall 1

Die mit sich selbst zu multiplizierende Zahl liegt zwischen 20 und 25 (jeweils einschließlich). Beispiel: 22 * 22.

Schritt 1 Darstellung der Zahl 22. Denken Sie sich 20 und zeigen Sie 2, um die 22 zu meinen. Sie strecken mit einer Hand Ihrer Wahl einfach zwei Finger nach oben aus.

Schritt 2 Genauso wird mit der anderen Hand die Zahl 22 dargestellt.

Schritt 3 Sie gehen von der Zahl 400, das ist 20 * 20, aus, addieren für jeden ausgestreckten Finger einen Zwanziger und erhalten 480 als Zwischenergebnis.

Schritt 4 Sie addieren zum Schluss 2 * 2, also die ausgestreckten Finger der einen Hand mal die ausgestreckten Finger der anderen Hand, und erhalten das Ergebnis 484.

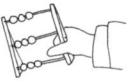 Probieren Sie Fall 1 mit 21 * 21, 23 * 23, 25 * 25 und 24 * 24. Die Lösungen finden Sie in Kapitel 11.

Fall 2

Die mit sich selbst zu multiplizierende Zahl liegt zwischen 15 und 20 (jeweils einschließlich). Beispiel: 17 * 17.

Schritt 1 Darstellung der Zahl 17. Denken Sie sich 20 und zeigen Sie 3, um die 17 zu meinen. Sie strecken mit einer Hand Ihrer Wahl einfach drei Finger aus, die Sie nach unten richten, weil Sie 3 von 20 abgezogen haben.

Schritt 2 Genauso wird mit der anderen Hand die Zahl 17 dargestellt.

Schritt 3 Sie gehen von der Zahl 400, das ist 20 * 20, aus, subtrahieren für jeden ausgestreckten Finger einen Zwanziger und erhalten 280 als Zwischenergebnis.

Schritt 4 Sie addieren zum Schluss 3 * 3, also die ausgestreckten Finger der einen Hand mal die ausgestreckten Finger der anderen Hand, und erhalten das Ergebnis 289.

Probieren Sie Fall 2 mit 16 * 16, 18 * 18, 19 * 19 und 15 * 15. Die Lösungen finden Sie in Kapitel 11.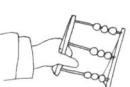

Mit etwas Praxis können Sie die Fingermathematik dann auch in Gedanken anwenden und Ihre Finger nur noch in der Vorstellung ausstrecken.

Nach der Fingermathematik, die sich gut für die Multiplikation kleinerer Zahlen eignet, kommen wir nun zur Überkreuzmultiplikation für Zahlen, die größer sind als 15. Dieses Prinzip hat gegenüber der normalen schriftlichen Vorgehensweise den Vorteil, dass das Ergebnis einer Multiplikation zweier Zahlen in einer Zeile hingeschrieben werden kann statt in mehreren. Weder vertun Sie sich mit den Spalten, noch müssen Sie am Schluss addieren. Dafür müssen Sie aber einige leichte Additionen im Kopf durchführen. Wenn wir beispielsweise 32 * 43 rechnen wollen, gehen wir wie folgt vor:

Schritt 1 Wir schreiben die Zahlen 32 und 43 untereinander.

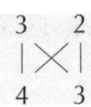

$$\begin{array}{cc} 3 & 2 \\ | \times | \\ 4 & 3 \end{array}$$

Die zwei Längsstriche und das x in der Mitte brauchen Sie nicht jedes Mal hinzuschreiben. Diese Zeichen symbolisieren nur, dass sich die Ergebniszahl folgendermaßen zusammensetzt: die Einerstellen, also der hintere Teil der beiden Ausgangszahlen, werden multipliziert und daraus entsteht die Einerzahl des Ergebnisses. Die Zehnerstelle oder die vorletzte Ziffer unseres Ergebnisses erhalten wir durch das x, das anzeigt, dass über Kreuz multipliziert und dann addiert wird. Und die Längsstriche bei den Zehnern sagen, dass aus der Multiplikation der beiden vorderen untereinanderstehenden Ziffern der vordere Teil des Ergebnisses entsteht.

Schritt 2 Sie fangen von der rechten Seite an und multiplizieren.

$2 * 3 = 6$

Die Einerstelle der Lösung ist ganz einfach die letzte Ziffer des Produkts der Einerstellen der Ausgangszahlen. Der Strich zwischen den Einerziffern weist auf diesen Rechenschritt hin.

Schritt 3 Die Zehnerstelle der Lösung ist die letzte Ziffer der Summe zweier Produkte, angedeutet durch das Kreuz zwischen den Aufgabenzahlen, und einem Übertrag, falls vorhanden, des Einerstellenproduktes, das in unserem Fall aber 0 ist. Sie rechnen erst

$3 * 3 = 9$

und dann im nächsten Schritt

$2 * 4 = 8$

Dann addieren Sie die beiden Ergebnisse miteinander.

$9 + 8 = 17$

Die letzte Ziffer des Ergebnisses, also die 7, ist die Zehnerstelle der Lösung.

Schritt 4 Die Hunderterstelle der Lösung ist die letzte Ziffer des Produktes der Zehnerstellen der Aufgabenzahlen.

$3 * 4 = 12$

Hierzu müssen wir noch den Übertrag aus der Zehnerstellenberechnung addieren. Denn da war unser Ergebnis 17, und wir haben bisher nur die 7 benutzt. Die 1 müssen wir wie bei einer normalen Addition zu den Hunderterstellen hinzuzählen.

$12 + 1 = 13$

Auch hier interessieren wir uns zuerst nur für die hintere Ziffer, nämlich die 3. Das ist die Hunderterstelle unserer Lösung.

Schritt 5 Die Tausenderstelle der Lösung ist nur noch der Übertrag, der sich aus der Berechnung der Hunderterstelle der Lösung ergeben hat, in diesem Beispiel eine 1.

Schritt 6 Wir setzen unsere Zahl zusammen. Wir haben als Einerstelle die 6 ermittelt, als Zehnerstelle die 7, als Hunderterstelle die 3 und als Tausenderstelle die 1. Ergibt 1 376.

Das Konzept der Überkreuzmultiplikation kann auf beliebig große Zahlen ausgedehnt werden, egal ob sie dreistellig, vierstellig oder gar achtstellig sind. Die Länge der Zahlen darf auch unterschiedlich sein. Problemlos kann eine dreistellige mit einer siebenstelligen Zahl multipliziert werden.

Schauen wir uns das nächste Beispiel an: 128 * 372

Schritt 1   Schreiben Sie die beiden Zahlen wieder untereinander.

$$\begin{array}{ccc} 1 & 2 & 8 \\ 3 & 7 & 2 \end{array}$$

Schritt 2   Wir multiplizieren die letzten beiden Stellen.

$$\begin{array}{ccc} 1 & 2 & 8 \\ & & | \\ 3 & 7 & 2 \end{array}$$

8 * 2 = 16

Die Einerstelle unserer Lösung ist die Einerstelle dieser Multiplikation. Wir notieren deshalb die 6 als Einerstelle. Die 1, die an der Zehnerstelle steht, behalten wir als Übertrag im Kopf.

Schritt 3   Wir multiplizieren die Einer- und die Zehnerstellen über Kreuz miteinander.

$$\begin{array}{ccc} 1 & 2 & 8 \\ & \times & \\ 3 & 7 & 2 \end{array}$$

2 * 2 = 4
8 * 7 = 56

Wir addieren die beiden Ergebnisse und zählen die 1 aus dem Übertrag des letzten Schritts hinzu.

4 + 56 + 1 = 61

Die Einerstelle dieser Zahl ergibt unser Ergebnis. Wir notieren die 1 als zweitletzte Ergebnisziffer unserer Lösung. Die 6 behalten wir als Übertrag im Kopf.

Schritt 4 Wir multiplizieren die Hunderterstelle der ersten Zahl mit der Einerstelle der zweiten Zahl.

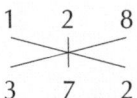

1 * 2 = 2

Dann multiplizieren wir die beiden Zehnerstellen miteinander.

2 * 7 = 14

Und dann die Hunderterstelle der zweiten Zahl mit der Einerstelle der ersten Zahl.

8 * 3 = 24

Wir addieren die drei Ergebnisse und zählen den Übertrag aus dem vorherigen Schritt dazu.

2 + 14 + 24 + 6 = 46

Die Einerstelle, also die 6, ergibt die drittletzte Stelle unseres Ergebnisses. Wir können sie wieder sofort aufschreiben. Die 4 wird als Übertrag im Kopf notiert.

Schritt 5 Wir multiplizieren die Hunderterstelle der ersten Zahl mit der Zehnerstelle der zweiten Zahl.

$$
\begin{array}{ccc}
1 & 2 & 8 \\
\diagdown & \diagup \\
3 & 7 & 2
\end{array}
$$

1 * 7 = 7

Dann die Hunderterstelle der zweiten Zahl mit der Zehnerstelle der ersten Zahl.

$2 * 3 = 6$

Wir addieren die beiden Ergebnisse und zählen den Übertrag aus dem letzten Schritt dazu.

$7 + 6 + 4 = 17$

Wir notieren die 7 als viertletzte Ergebnisziffer und merken uns die 1 als Übertrag.

Schritt 6 Wir multiplizieren die beiden Hunderterstellen.

$$\begin{array}{ccc} 1 & 2 & 8 \\ | & & \\ 3 & 7 & 2 \end{array}$$

$1 * 3 = 3$

Zu dem Ergebnis, der 3, zählen wir den Übertrag aus Schritt 5, so dass sich ergibt: $3 + 1 = 4$. Das ist unsere vorderste Ergebnisziffer.

Schritt 7 Das Ergebnis lautet: 47 616

Der Rechenvorgang wirkt sehr lang, wenn er so ausführlich dargestellt wird. Aber mit ein bisschen Übung können Sie sehr schnell werden. Wenn Sie einmal verinnerlicht haben, welcher Schritt auf welchen folgt, dann wird Ihnen das Rechnen nicht mehr schwerfallen. Alle mir bekannten Rechenkünstler multiplizieren auf diese Weise, sind so doch nur geringe Gedächtnisleistungen vonnöten. Insgesamt müssen zu keinem Zeitpunkt mehr als fünf Ziffern im Gedächtnis behalten werden. Der Übertrag sollte nach Möglichkeit bei der Berechnung der nächsten Lösungsstelle direkt am Anfang berücksichtigt werden, weil er dann nicht länger memoriert werden muss. Das werden wir bei der nächsten Beispielaufgabe so machen.

Aber zunächst versuchen Sie sich doch ruhig mal an den Aufgaben: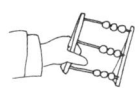

$$603 * 184$$
$$913 * 739$$
$$212 * 212$$

Die Lösungen finden Sie in Kapitel 11.

Die nächste und letzte Beispielaufgabe hat nun etwas größere Zahlen, und diese sind unterschiedlich lang. Auf Aufgaben dieser Art stoße ich tatsächlich auch in Wettbewerben. Um eine Aufgabe wie die nächste zu lösen, brauche ich etwa 15 Sekunden. Bei mir ist es so, dass ich die Ergebnisse der Zwischenschritte direkt sehe, also nicht ausrechnen muss. Wenn ich 7×8 wahrnehme, ist das für mich gleichzeitig 56, da muss ich nicht rechnen. Meister in der Überkreuzmultiplikation wie mein Weltmeisterkollege Jan van Koningsveld sind noch schneller. 2003 stellte er einen Weltrekord auf, indem er zwei achtstellige Zahlen in 50,9 Sekunden multiplizierte. Ein Jahr später schaffte er das sogar in 38,1 Sekunden. Den aktuellen Weltrekord für zehn Aufgaben mit jeweils zwei fünfstelligen Zahlen hat der Spanier Marc Jornet Sanz 2010 mit 1 Minute und 42 Sekunden aufgestellt. Er hält auch den Rekord für die Lösung von zehn Aufgaben, bei denen jeweils zwei achtstellige Zahlen miteinander multipliziert werden müssen. Das hat er in 3 Minuten und 42 Sekunden geschafft.

Diejenigen unter Ihnen, die sich in der Überkreuzmultiplikation schon fit fühlen, können gerne einmal probieren, das nächste Beispiel ohne die nachfolgenden Erklärungen zu lösen. Vielleicht haben Sie das Prinzip schon verstanden? Für alle anderen führe ich die Lösung noch einmal in kleine Schritte zerlegt durch. Das Neue an diesem Beispiel ist nicht nur, dass die Zahlen größer sind, sondern auch, dass sie unterschiedlich lang sind.

Hier also wieder ein Beispiel: 9 415 * 37 456

Schritt 1 Die Zahlen werden untereinandergeschrieben.

	9	4	1	5
3	7	4	5	6

Schritt 2 Die beiden Einerstellen werden multipliziert.

	9	4	1	5
3	7	4	5	6

5 * 6 = 30
Die 0 ist die gesuchte Einerstelle des Ergebnisses. Die 3 wird im Kopf notiert.

Schritt 3 Nun werden die beiden Zehnerstellen über Kreuz mit den beiden Einerstellen malgenommen.

$$9 \quad 4 \quad 1 \quad 5$$
$$3 \quad 7 \quad 4 \quad 5 \quad 6$$

$1 * 6 = 6$

$5 * 5 = 25$

Um den Übertrag möglichst schnell aus unserem Gedächtnis zu entfernen, stellen wir ihn an den Anfang der Addition.

$3 + 6 + 25 = 34$

In der Praxis rechne ich $3 + 6 = 9$, dann $9 + 25 = 34$.

Die 4 ist unsere Zehnerstelle, also die zweitletzte Ziffer unseres gesuchten Ergebnisses. Die 3 behalten wir als Übertrag im Kopf.

Schritt 4 Wir multiplizieren die Hunderterstelle der ersten Zahl mit der Einerstelle der zweiten Zahl.

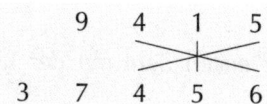

$4 * 6 = 24$

Dann die beiden Zehnerstellen miteinander.

$1 * 5 = 5$

Zum Schluss die Einerstelle der ersten Zahl mit der Hunderterstelle der zweiten Zahl.

$5 * 4 = 20$

Dann addieren wir die Ergebnisse zum Übertrag dazu.

$3 + 24 + 5 + 20 = 52$

In der Praxis rechne ich $3 + 24 = 27$, $27 + 5 = 32$ und $32 + 20 = 52$.

Die 2 ist unser Ergebnis für die Hunderterstelle, also die dritte Stelle von hinten bei unserem Ergebnis. Die 5 ist der Übertrag.

Schritt 5   Wir rücken eine Stelle weiter nach links und multiplizieren: Die Tausenderstelle der ersten Zahl mit der Einerstelle der zweiten Zahl.

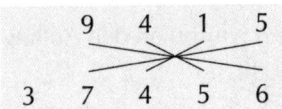

$9 * 6 = 54$

Die Hunderterstelle der ersten Zahl mit der Zehnerstelle der zweiten Zahl.

$4 * 5 = 20$

Die Zehnerstelle der ersten Zahl mit der Hunderterstelle der zweiten Zahl.

$1 * 4 = 4$

Die Einerstelle der ersten Zahl mit der Tausenderstelle der zweiten Zahl.

$5 * 7 = 35$

Wir addieren die Ergebnisse zum Übertrag dazu.

$5 + 54 + 20 + 4 + 35 = 118$

Die 8 ist unser Ergebnis für die Tausenderstelle. Die 11 der Übertrag. Wir müssen hier also zum ersten Mal einen zweistelligen Übertrag im Kopf behalten.

Schritt 6   Wir rücken wieder eine Stelle weiter nach links, so dass wir diesmal auch die Zehntausenderstelle der zweiten Zahl mit einbeziehen, dafür aber die Einerstelle derselben Zahl außen vor lassen. Hier unterscheidet sich die Multiplikation von zwei unterschiedlich langen Zahlen von der mit zwei gleich langen Zahlen.

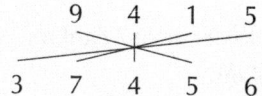

Die Tausenderstelle der ersten Zahl mit der Zehnerstelle der zweiten Zahl.

$9 * 5 = 45$

Die Hunderterstelle der ersten Zahl mit der Hunderterstelle der zweiten Zahl.

$4 * 4 = 16$

Die Zehnerstelle der ersten Zahl mit der Tausenderstelle der zweiten Zahl.

$1 * 7 = 7$

Die Einerstelle der ersten Zahl mit der Zehntausenderstelle der zweiten Zahl.

$5 * 3 = 15$

Wir addieren unsere Ergebnisse zum Übertrag dazu.

$11 + 45 + 16 + 7 + 15 = 94$

Die 4 ist die Zehntausenderstelle unserer Lösung, also die fünfte Ziffer von hinten. Die 9 ist unser Übertrag.

Schritt 7 Nun multiplizieren wir die Tausenderstelle der ersten Zahl mit der Hunderterstelle der zweiten Zahl.

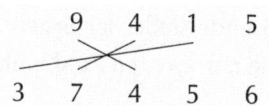

$9 * 4 = 36$

Die Hunderterstelle der ersten Zahl mit der Tausenderstelle der zweiten Zahl.

$4 * 7 = 28$

Und die Zehnerstelle der ersten Zahl mit der Zehntausenderstelle der zweiten Zahl.

$1 * 3 = 3$

Wir addieren unsere Ergebnisse zum Übertrag.

$9 + 36 + 28 + 3 = 76$

Die 6 ist die Ergebniszahl für unsere Hunderttausenderstelle. Die 7 ist der Übertrag.

Schritt 8   Die Tausenderstelle der ersten Zahl wird mit der Tausenderstelle der zweiten Zahl multipliziert.

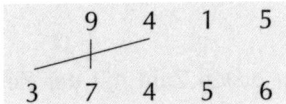

$9 * 7 = 63$

Die Hunderterstelle der ersten Zahl wird mit der Zehntausenderstelle der zweiten Zahl multipliziert.

$4 * 3 = 12$

Wieder addieren wir die Ergebnisse zum Übertrag.

$7 + 63 + 12 = 82$

Die 2 ist die Millionenstelle unserer Lösung. Die 8 der Übertrag.

Schritt 9   Die Tausenderstelle der ersten Zahl wird mit der Zehntausenderstelle der zweiten Zahl multipliziert.

$9 * 3 = 27$

Wir addieren die 27 zum Übertrag 8.

$27 + 8 = 35$

Die 35 sind die ersten beiden Stellen unseres Ergebnisses.

Schritt 10   Zusammensetzen der Stellen. Das vollständige Ergebnis ist also 352 648 240.

Wichtig ist, dass wenn der eine Operand n und der andere m Stellen hat, insgesamt n * m-Überkreuzmultiplikationen erfolgen müssen. Bei dieser Aufgabe waren also 4 * 5 Überkreuzmultiplikationen nötig, weil wir eine vierstellige mit einer fünfstelligen Zahl multipliziert haben. Die folgende Anzahl von Überkreuzmultiplikationen haben wir bei den unten genannten Rechenschritten ausgeführt:

Schritt 2: 1

Schritt 3: 2

Schritt 4: 3

Schritt 5: 4

Schritt 6: 4

Schritt 7: 3

Schritt 8: 2

Schritt 9: 1

Bei jedem einzelnen Schritt ermitteln wir eine Stelle des Ergebnisses. Bei Schritt 2 die Einerstelle, bei Schritt 3 die Zehnerstelle und schließlich bei Schritt 8 die Millionenstelle. Bei jedem Schritt eine Ziffer. Der letzte Schritt (Schritt 9) in unserem Beispiel dient der Ermittlung der Zehnmillionenstelle und der Hundertmillionenstelle.

Wie viele Operationen Sie innerhalb eines Schritts ausführen, d. h., wie viele Unterschritte der Schritt hat, hängt davon ab, welche Ergebnisstelle Sie ausrechnen und wie die Operanden beschaffen sind.

Bei der oberen Reihe gehen Sie von links nach rechts vor. In der unteren von rechts nach links.

Wie erkennen Sie nun, was mit was multipliziert wird? Die Zahlen, die Sie miteinander multiplizieren, dürfen in der Summe rechts neben sich nur so viele Stellen haben, wie die Ergebnisstelle, die Sie suchen, rechts neben sich hat. Beispiel: Die Einerstelle hat 0 Stellen rechts neben sich, deshalb werden bei der Suche nach der Einerstelle nur die beiden Einerstellen multipliziert – diese haben in der Summe insgesamt 0 Stellen rechts neben sich.

Wenn wir die Zehnerstelle suchen, dann hat die Zehnerstelle eine Ziffer rechts neben sich stehen. Nun können wir so multiplizieren, dass in der Summe genau eine Stelle rechts steht. Das wären dann die Zehnerstelle oben (1 Stelle) und die Einerstelle unten (0 Stellen) – insgesamt $1 + 0 = 1$ Stellen und umgekehrt ($0 + 1 = 1$ Stellen). Sie multiplizieren alle Ziffern miteinander, die dieses Kriterium erfüllen. Ergibt genau zwei Möglichkeiten.

Und warum nicht die beiden Einerstellen noch mal? Das haben Sie vorher schon getan. Keine Kombination darf wiederholt werden. Sie haben ja genau 20 Einzelmultiplikationen (4 Stellen mal 5 Stellen), und jede Stelle des einen Operanden muss über alle 8 Schritte mit jeder Stelle des anderen Operanden multipliziert werden – ohne Wiederholung.

Wie finden Sie nun die richtige Anfangskombination? Bei der Ermittlung der Hunderterstelle der Lösung blicken Sie auf die Hunderterstelle (2 Stellen rechts) der oberen Zahl, dann nehmen Sie in der unteren Zahl die rechtsstehende Ziffer (die Einerstelle, 0 Stellen rechts) – macht insgesamt 2 Stellen rechts. Dann folgt Zehnerstelle (1 Stelle rechts) mal Zehnerstelle (1 Stelle rechts) – macht insgesamt zwei Stellen rechts und zum Schluss Einerstelle mal Hunderterstelle (0 + 2 = 2 Stellen rechts).

Bei der Tausenderstelle gehen Sie bei der oberen Zahl zur Tausenderstelle und multiplizieren diese mit der rechts unten stehenden Ziffer (Einerstelle). (3 + 0 = 3, dann 2 + 1 = 3, dann 1 + 2 = 3, dann 0 + 3 = 3 Stellen rechts.)

Die maximale Anzahl der Unterschritte innerhalb eines Schritts ist so groß wie die Anzahl der Ziffern der kleineren Zahl, die multipliziert wird, also bei 9 415 vier Unterschritte. Bei gleichgroßen Zahlen entspricht sie maximal der Anzahl der Ziffern jeder Zahl. Bitte unbedingt an die Symmetrie denken!

Und weil das alles sehr umständlich zu erklären ist, hier noch mal eine Formel, die alles ganz kurz und klar ausdrückt, für alle unter Ihnen, die sich nicht von einer Formel verschrecken lassen.

Nehmen wir als Beispiel eine zweistellige und eine sechsstellige Zahl, die wir miteinander multiplizieren.

Einerstelle der Lösung

$E * E$ (0 + 0 = 0)

Zehnerstelle der Lösung

$Z * E$ (1 + 0 = 1) + $E * Z$ (0 + 1 = 1) + Übertrag E

Hunderterstelle der Lösung

$H * E$ (2 + 0 = 2) + $Z * Z$ (1 + 1 = 2) + Übertrag Z

Tausenderstelle der Lösung

$T * E$ (3 + 0 = 3) + $H * Z$ (2 + 1 = 3) + Übertrag H

Zehntausenderstelle der Lösung

$ZT * E$ (4 + 0 = 4) + $T * Z$ (3 + 1 = 4) + Übertrag T

Hunderttausenderstelle der Lösung

$HT * E$ (5 + 0 = 5) + $ZT * Z$ (4 + 1 = 5) + Übertrag ZT

Millionenstelle der Lösung

$HT * Z$ (5 + 1 = 6) + Übertrag HT

Zehnmillionenstelle der Lösung

Übertrag aus dem letzten Schritt (Übertrag M)

Gesamtzahl der Multiplikationen = 12 = 2 * 6

= 1 + 2 + 2 + 2 + 2 + 2 + 1 (jeweils pro Schritt).

Wenn Sie drei Zahlen miteinander multiplizieren, beispiels-weise 15 * 56 * 23, dann nehmen Sie erst die ersten beiden Zahlen miteinander mal und das Ergebnis daraus dann mit der dritten Zahl. Sie führen sozusagen zwei Überkreuzmultiplikationen nacheinander durch.

Jetzt, lieber Leser, sind Sie gefragt: Berechnen Sie die Produkte folgender Zahlen.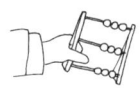

1. Was ergibt 17 * 81 ?

2. Was ergibt 123 * 567 ?

3. Was ergibt 4 356 * 7 821 ?

4. Das Auto kostet 9 999,00 €. Sie erhalten beim Händler 11 % Rabatt. Wie viel müssen Sie für das Auto zahlen? Ich verrate Ihnen so viel: Effektiv zahlen Sie 89 % des Normalpreises. Mit anderen Worten, Sie können den Normalpreis mit 0,89 multiplizieren.

5. Als Eventmanager bezahlen Sie für 150 Personen jeweils 32,00 € Bewirtungskosten. Ihrem Auftraggeber berechnen Sie eine Provision von 15 % (zzgl. 19 % MwSt.) der Gesamtbewirtschaftungskosten. Wie viel (Gesamtbewirtungskosten plus Bruttoprovision) muss der Auftraggeber an Sie zahlen? Sie können so vorgehen, dass Sie zunächst die Bruttoprovision berechnen, indem Sie die 15 % mit 1,19 multiplizieren und einen erhöhten Prozentsatz erhalten. Diesen bringen Sie mit den Gesamtbewirtschaftungskosten in Verbindung.

6. Was ergibt 23 * 45 * 67 ?

7. Was ergibt 3 456 * 3 456 ?

8. Was ergibt 56 723 * 99 341 ?

9. Ermitteln Sie die 5. Potenz von 11, also 11 * 11 * 11 * 11 * 11.

10. Welcher Wert (9 * 10 * 11 oder 10 * 10 * 10) ist größer? Wie groß ist der Unterschied?

7. Dividieren

Schon vor der Einschulung brachte ich mir das Bruchrechnen bei. Wir zogen zu diesem Zeitpunkt gerade um, und meine Eltern hatten mich für einige Tage bei meiner Patentante untergebracht. Ihre Küche war ein herrliches Labor. Ich fand dort die unterschiedlichsten Gefäße, die ich mit Wasser füllte, dessen Volumen ich dann mit Hilfe anderer Gefäße maß. Dabei fand ich beispielsweise heraus, dass ein Liter etwa 6 gefüllten mittleren Kaffeetassen oder 4 vollen Gläsern entsprach. Damals hatte man noch die kleinen Kaffeetassen, die heute niemand mehr benutzt. Die Kaffeebecher, aus denen wir jetzt alle trinken, hätte ich sicher nur viermal füllen können. Als Nächstes wollte ich wissen, ob ich 2 Liter Wasser auch auf 6 Gläser und 3 Kaffeetassen aufteilen kann. Diese Messfertigkeiten verfeinerte ich immer weiter, sehr zum Leidwesen meiner Tante, die hinterher die Küche aufwischen musste. Meine Experimente müssen Stunden gedauert haben, denn erst als meine Tante darauf bestand, nun das Abendbrot zuzubereiten, räumte ich quengelnd das Feld. Aber ich hatte etwas Wichtiges gelernt: Das Aufteilen des Wassers ist das Gleiche wie teilen oder dividieren.

Die Division ist nichts anderes als die Umkehrung der Multiplikation. Prinzipiell gilt sogar: Eine Zahl »groß zu machen« – wie bei einer Multiplikation – ist schwieriger, als eine Zahl »klein zu machen«. Sie werden das gleich sehen, wenn wir uns mit der aufgehenden Division beschäftigen. Eine Division geht auf, wenn das Ergebnis eine ganze Zahl ist: Beispiels-weise geht die Division 12 : 3 auf, die Division 13 : 3 dage-gen nicht.

Bei einem von mir organisierten Mathewettbewerb für Schü-ler wollte ich die 19 Teilnehmer in Gruppen einteilen, damit sie die Vor- und Nachteile der Überkreuzmultiplikation erör-tern. Wie Sie ja selbst im letzten Kapitel gesehen haben, hat diese Methode den Nachteil, dass sie sehr starr ist und immer auf die gleiche Art angewandt werden muss. Der Vorteil ist, dass man das Ergebnis in einer Zeile hinschreiben kann und der Gedächtnisaufwand gering ist. Erfahrungsgemäß funktio-nieren Gruppen mit drei oder vier Teilnehmern bei einer solchen Aufgabenstellung am besten. Es gab also zwei Mög-lichkeiten, die Gruppen zu bilden. Entweder gab es sechs Dreiergruppen und einer blieb übrig, der dann bei einer Dreiergruppe mitmachen konnte. Oder ich konnte vier Vierergruppen und eine Dreiergruppe bilden, wofür ich mich dann auch entschieden habe.

Im Alltag kommt es bei der Division oft nicht so sehr auf absolute Genauigkeit an. Da können Sie Pi mal Daumen vor-gehen und sich überlegen, was für Sie die angenehmste bzw. praktischste Lösung ist. Je nach Situation kann die Arbeit mit sechs Gruppen noch fruchtbarer sein als die mit fünf, weil sich jeder in einer kleineren Gruppe stärker einbringen kann. Wir beginnen der Einfachheit halber mit aufgehenden Divisi-onen, bei denen das Ergebnis ganzzahlig ist.

Wenn es sich um eine Division durch einstellige Zahlen han-delt, dann können wir wie folgt verfahren:

49 : 7 = ?

Mittels der Fingermathematik oder der 1 * 1-Kenntnisse gehen wir die Siebener-Reihe durch, bis wir am Ziel sind: 7, 14, 21, ... 49.

Wir schreiben:

$$\begin{array}{r} 49 \\ - \ 49 \\ \hline 0 \end{array}$$

und notieren an die Stelle des Fragezeichens die 7 und sind fertig. Die 0 unterm Strich verdeutlicht, dass kein Rest übrig geblieben ist. Die Division ging auf, und wir brauchen nicht weiterzurechnen.

Probieren wir es mit 168 : 6 = ?

Wir fangen ganz links mit der Hunderterstelle der Zahl 168, also der 1, an und stellen fest, dass in die 1 (weil 1 < 6) kein mal die 6 hineingeht. Weil 1 < 6, ist das Divisionsergebnis von 1 : 6 = 0, wobei ein Rest von 1 übrig bleibt. Die Hunderterstelle der Lösung ist also eine 0. In diesem Beispiel kann man leicht erkennen, dass das Ergebnis zwischen 10 und 100 liegen muss. 6 * 10 = 60 ist kleiner als 168, und 168 ist kleiner als 600 = 6 * 100.

Wir rechnen mit dem Rest 1 weiter. Zusätzlich zur 1 betrachten wir die 6, die nächste Ziffer der Aufgabenzahl, und arbeiten mit der 16, um die Zehnerstelle der Lösung zu ermitteln. Wir fragen uns, wie häufig die 6 in die 16 »passt«. Mittels der

Fingermathematik oder der 1 * 1-Kenntnisse gehen wir die Sechser-Reihe durch, bis wir am Ziel sind: 6, 12, 18. Stopp! 18 ist schon zu hoch. 6 geht nur zweimal in 16 hinein, d. h., die Zehnerstelle der Lösung ist 2. Nun muss aber noch der Rest ermittelt werden, mit dem wir die Einerstelle berechnen. 2 * 6 = 12, also:

$$\begin{array}{r} 16 \\ -\ 12 \\ \hline 4 \end{array}$$

Nun ziehen wir die letzte Stelle der Aufgabenzahl, hier die 8, herunter und notieren sie der Einfachheit halber hinter der 4, um den nächsten Schritt ausführen zu können:

4   8

Wir arbeiten also mit der 48 weiter und gehen im Geiste erneut die Sechser-Reihe durch (6, 12, 18, 24, ..., 48). Wir erhalten 8, die Einerstelle unserer Lösung, denn 6 * 8 = 48. Auch hier bleibt kein Rest übrig, deshalb braucht nicht weitergerechnet zu werden. Die Zehnerstelle ist die 2, die Einerstelle die 8, also ist die Lösung 28.

Haben Sie das System schon verstanden? Zur Vertiefung möchte ich noch ein etwas schwierigeres Beispiel mit Ihnen rechnen:

1 432 : 4 = ?

Wieder fangen wir links mit der 1 an und stellen fest, dass in die 1 (weil 1 < 4) keinmal die 4 hineingeht. Die Tausenderstelle der Lösung ist also eine 0. Der Rest ist 1, mit der wir weiterrechnen.

Als Nächstes betrachten wir zusätzlich zur 1 die 4, die nächste Ziffer der Aufgabenzahl, und rechnen mit der 14 weiter. Wie häufig geht die 4 in die 14? Dreimal. Die Hunderterstelle unserer Lösung ist die 3.

$$
\begin{array}{r}
14 \\
-\ 12 \\
\hline
2
\end{array}
$$

Als Rest bleibt 2, mit der wir weiterrechnen. Wir ziehen die nächste Stelle der Aufgabenzahl, hier die 3, herunter und notieren sie hinter der 2, um die Zehnerstelle der Lösung zu ermitteln:

2   3

Wir rechnen also mit 23 weiter und gehen im Geiste erneut die Vierer-Reihe durch (4, 8, 12, 16, 20, 24). $24 = 6 * 4$ ist schon zu hoch. Die nächste Stelle der Lösung, die Zehnerstelle, ist die 5 (denn $5 * 4 = 20$). Der Rest ist 3, mit der wir weiterrechnen.

Die letzte Ziffer der Aufgabenzahl ist die 2. Wir notieren sie hinter der 3 und rechnen mit 32 weiter. Was ist 32 : 4? Die Lösung ist 8, sie ist die letzte Stelle der Lösung, die Einerstelle. Unsere Gesamtlösung lautet 358.

Probieren Sie nun bitte selbst die Aufgaben 96 : 3, 124 : 2, 342 : 6, 3 336 : 8. Die Lösungen sind ganzzahlig und finden sich in Kapitel 11.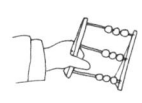

Versuchen Sie es zunächst ruhig schriftlich. Wenn Sie dann im Kopf rechnen, werden Sie feststellen, dass der Gedächtnisaufwand nicht größer ist als bei der Überkreuzmultiplikation.

Bei einigen Aufgabenstellungen können wir besondere Strategien anwenden. Schauen wir uns zuerst die Aufgabe 84 : 12 an. Wie würden Sie rechnen? Gehen Sie im Geiste die Zwölfer-Reihe durch (12, 24, 36, 48 ...)? Das wäre auch mit Hilfe der Fingermathematik durchaus möglich. Eine andere Möglichkeit ist die Kürzungsmethode, die ich öfter benutze. Ich sehe, dass 84 und 12 gerade Zahlen sind, also Vielfache von 2 darstellen. Deshalb darf ich beide Zahlen durch 2 teilen. Das Ergebnis bleibt unverändert. Mit anderen Worten, 42 : 6 hat die gleiche Lösung wie 84 : 12. Mit der gleichen Argumentation komme ich zur Erkenntnis, dass 21 : 3 die gleiche Lösung hat wie 42 : 6. Die Kürzungsmethode hat den Zweck, eine schwierig erscheinende Aufgabe in eine einfachere umzuwandeln, die Zahlen also kleiner zu machen. Das Ergebnis der Aufgabe wird nicht verändert, weil die zu teilende Zahl (Dividend) und der Teiler (Divisor) beide durch die gleiche Zahl geteilt werden. Die Division durch 2 ist eine besonders einfache Form des Teilens, ist die Zweierreihe doch intuitiv besonders eingängig (2, 4, 6, 8, 10, 12, 14, 16, 18, 20).

Ein anderes Beispiel für eine solche Aufgabe ist 96 : 8. Auch hier können wir zuerst durch 2 teilen, weil beide Zahlen gerade sind. Das ergibt dann 48 : 4. Das kann man noch einmal durch 2 teilen. Ergibt 24 : 2. Damit sind die Zahlen für die meisten von uns klein genug, um das Ergebnis einfach abzulesen. Denn, dass 24 : 2 = 12 ist, dazu braucht man nicht mehr zu rechnen. Der einzige Schritt, bei dem Sie einen

Moment überlegen müssen, ist, wenn Sie 96 durch 2 teilen. Aber, Sie wissen ja, dass 90 : 2 = 45 ist. Und dann teilen Sie noch 6 durch 2, erhalten 3 und zählen die 3 zur 45. Alternativ können Sie auch mit Hilfe der 100 rechnen (100 : 2 = 50) und von 50 4 : 2 = 2 abziehen.

Nehmen wir ein anderes, etwas schwierigeres Beispiel. Und zwar 225 : 25. Hier sehen Sie auf Anhieb, dass beide Zahlen ohne Rest durch 5 geteilt werden können. Sie brauchen nur auf die jeweiligen Einerstellen zu schauen. Wenn hier eine 5 oder eine 0 steht, kann die Zahl ohne Rest durch 5 geteilt werden. Wenn man gleich durch 5 teilt, besteht das Risiko, dass man sich verrechnet. Statt der Kürzungsmethode empfehle ich hier die Erweiterungsmethode. Dabei werden einfach beide Zahlen verdoppelt. Das ergibt 450 : 50. Im zweiten Schritt streichen Sie jeweils eine Null. Das ergibt 45 : 5. Letzteres ist einfach die Kürzungsmethode mit dem Teilen beider Zahlen durch 10. Das Ergebnis 9 lässt sich direkt ablesen.

Lassen Sie mich das noch einmal an dem Beispiel 495 : 15 zeigen. Wir multiplizieren die Zahlen 495 und 15 jeweils mit 2.

Sie rechnen mit der Fingermathematik 2 * 15 = 30.

Dann rechnen Sie 495 * 2.

Sie rechnen 5 * 2 = 10, notieren als Einerstelle die 0 und erhalten einen Übertrag von 1.

Dann rechnen Sie 9 * 2 = 18, addieren die 1 vom Einerübertrag und erhalten 19. Sie notieren als Zehnerstelle die 9 und haben einen Übertrag von 1.

Zum Schluss rechnen Sie 4 * 2 = 8, addieren die 1 vom Zehnerübertrag und erhalten 9. Sie notieren als Hunderterstelle die 9. Sie sind fertig und haben die Lösung 2 * 495 = 990.

Einfacher könnten Sie statt 495 auch 500 − 5 schreiben und zunächst 2 * 500 = 1 000 rechnen und im nächsten Schritt 2 * 5 = 10 abziehen, das ergibt ebenfalls 990.

$2 * 495 = 2 * (500 − 5) = 2 * 500 − 2 * 5 = 1 000 − 10 = 990.$

Gemäß Erweiterungsmethode dürfen Sie anstelle von 495 : 15 die Aufgabe 990 : 30 hinschreiben. Beide Aufgaben haben das gleiche Ergebnis.

Sie erkennen, dass die neue Aufgabe 990 : 30 sehr viel leichter auszurechnen ist als die ursprüngliche 495 : 15.

Als Nächstes können Sie die Aufgabe mittels der Kürzungsmethode noch weiter vereinfachen. Sie brauchen bei beiden Zahlen nur eine Null zu streichen. Aus 990 wird 99 und aus 30 wird 3. Sie haben beide Zahlen einfach durch 10 geteilt und eine neue Divisionsaufgabe erhalten. Jetzt brauchen Sie nur noch 99 : 3 auszurechnen. Das Ergebnis 33 lässt sich leicht finden. Wie Sie wissen, hat die Kürzungsmethode keine Auswirkung auf das Ergebnis, es bleibt unverändert.

Die Verdopplung einer Zahl oder die Multiplikation einer Zahl mit 2 ist für die meisten von uns eine besonders einfache

Form des Multiplizierens. Weil das Ergebnis einer Verdopplung in den Beispielen immer eine gerade Zahl mit Endung 0 ist, können wir im nächsten Schritt mit der Kürzungsmethode arbeiten. Noch einfacher ist die Division einer Zahl durch 10. Hier braucht man wirklich nur eine Null zu streichen.

Sie sehen an den Beispielen, dass die Kürzungsmethode nur bei geraden Zahlen funktioniert, und dies auch nur dann, wenn beide Zahlen gerade sind. Die Erweiterungsmethode können Sie bei Zahlen mit der Endung 5 einsetzen. Wenn Sie also Zahlen mit 1, 3, 7 oder 9 an der Einerstelle haben, dann werden diese Methoden Sie nicht weiterbringen. Außerdem empfiehlt es sich, die Methoden nur bei bis zu dreistelligen Zahlen einzusetzen.

Nun kommen wir zu Divisionen, bei denen wir durch zwei- oder mehrstellige Zahlen teilen. Beim schriftlichen Rechnen führt die oben genannte schulübliche Methode sicher zum Ziel. Wenn wir allerdings im Kopf rechnen, ist der Gedächtnisaufwand bei dieser Methode sehr hoch, weil wir uns einfach zu viele Zahlen merken müssen. Der Einfachheit halber habe ich Aufgaben gewählt, deren Ergebnisse ganzzahlig, also aufgehend, sind.

Wir betrachten die Aufgabe 10904 : 58 und probieren zunächst die »Schulmethode«. Wir beginnen bei der Aufgabenzahl von links und nehmen so viele Stellen, bis folgende Bedingung für unseren Aufgabenzahlanfang erfüllt ist: Er muss zwischen 58 (= 1 * 58) und 580 (= 10 * 58) liegen. Offenbar erfüllen die ersten drei Ziffern der Aufgabenzahl diese Bedingung, somit ist der Aufgabenzahlanfang = 109.

Als Nächstes fragen wir uns, wie häufig die 58 in die 109 passt. Diese Aufgabe kann noch im Kopf gelöst werden, weil man recht leicht erkennen kann, dass das Doppelte von 58 größer ist als 109. Man sieht, dass das Doppelte von 50 100 ist und dass 2 * 8 mehr ist als 9. Deshalb passt die 58 nur einmal in die 109. Die erste Stelle der Lösung ist also die 1. Wir schreiben:

$$
\begin{array}{r}
109 \\
- 58 \\
\hline
51
\end{array}
$$

Es bleibt ein Rest von 51. Als Nächstes ziehen wir die darauffolgende vorletzte Stelle der Aufgabenzahl, also die 0, herunter und notieren sie hinter der 51. Wir arbeiten mit der 510 weiter und überlegen, wie häufig die 58 in die 510 passt. Nun wird es etwas schwieriger, denn es ist nicht so einfach, die 58er-Reihe im Kopf durchzugehen. Bei dieser Aufgabe können Sie sich damit behelfen, dass Sie von 580 (= 10 * 58) ausgehen und 58 abziehen. Die Subtraktion von 58 im Kopf ist ein wenig leichter, und Sie werden feststellen, dass 522 (= 9 * 58) immer noch größer ist als 510. Wenn Sie noch einmal 58 abziehen, erhalten Sie 464 (= 8 * 58). Damit haben Sie die 8 ermittelt und schreiben diese hinter der 1 auf.

$$
\begin{array}{r}
510 \\
- 464 \\
\hline
46
\end{array}
$$

Es bleibt ein Rest von 46. Als Nächstes ziehen wir die darauffolgende letzte Stelle der Aufgabenzahl, also die 4, herunter und notieren sie hinter der 46.

Wir arbeiten mit der 464 weiter und überlegen, wie häufig die 58 in die 464 geht. Und jetzt haben wir wirklich Glück, denn dass 8 * 58 = 464 ist, haben wir schon im letzten Schritt erkannt und können diese Erkenntnis nun wiederverwerten. Wir haben die 8 und damit die letzte Stelle unserer Lösung gefunden. Sie lautet also 188.

Haben Sie gemerkt, dass das schon etwas schwieriger war? Ich vermute, ja. Wenn nicht, dann probieren Sie eine ähnliche Aufgabe einfach mal im Kopf. Natürlich sind Divisionsaufgaben mit drei- und mehrstelligen Teilern noch anspruchsvoller.

Damit Sie es nicht so schwer haben, verrate ich Ihnen nun einige Methoden, mit denen ich rechne und die das Ganze meiner Meinung nach vereinfachen. Damit diese Methoden auch bei Ihnen funktionieren, müssen Sie wahrscheinlich ein bisschen üben.

Die erste Methode nenne ich das Nullenanhängespielchen. Sie dient dazu, die Größe des Ergebnisses erst einmal zu schätzen, damit Sie wissen, mit wie vielen Ziffern Sie es überhaupt zu tun haben.

Betrachten wir 12 449 : 59. Wie groß könnte das Ergebnis in etwa sein? Um die Größe des Ergebnisses zu schätzen, hängen Sie an den Teiler Nullen an. Wenn Sie an den Teiler 59 eine Null anhängen, erhalten Sie 590. Mit einer zweiten Null gelangen Sie zu 5 900. Schließlich kommen Sie mit einer dritten Null bei 59 000 an. Sie sehen, nachdem Sie drei Nullen an den Teiler drangehängt haben, dass dieser größer ist als die zu teilende Zahl, denn 59 000 ist offensichtlich größer als 12 449. Sie hängen immer so lange Nullen an, bis der Divisor größer ist als der Dividend. Jetzt kommt der entscheidende Satz: Das Ergebnis hat genauso viele Stellen, wie Sie Nullen angehängt haben. In unserem Beispiel ist es also dreistellig und liegt zwischen 100 und 1 000.

Nun wechseln wir die Methode, um die Aufgabe fertig zu rechnen. Wir verwenden dazu die »Einklemmungstechnik«. Hierbei wird das Ergebnis von hinten ermittelt. Außerdem wird das Ergebnis mit Hilfe der ersten Aufgabenziffern grob geschätzt. Beide Techniken dienen dazu, das Ergebnis mit sehr geringem Aufwand zu ermitteln. Ich denke dabei an eine Schraubzwinge, die das Ergebnis von zwei Seiten »einklemmt«.

Diese Technik funktioniert allerdings nur bei aufgehenden Divisionsaufgaben. Das Ergebnis kann nur dann von hinten ermittelt werden, wenn Sie von Anfang an wissen, dass es ganzzahlig ist. Zugegeben: Das ist eine eher theoretische Aufgabenstellung, die Ihnen im wirklichen Leben selten begegnen wird. Außerhalb der Schulbücher und der Wettbewerbe, an denen ich teilnehme und wo es für diese Aufgaben eine eigene Kategorie gibt, stoße auch ich auf solche Aufgaben nur selten.

Wenn Sie mit dem Nullenanhängespielchen ermittelt haben, wie viele Stellen das Ergebnis haben muss, können Sie die Aufgabe 12 449 : 59 mit der »Einklemmungstechnik« ganz einfach zu Ende rechnen. Ich ermittle zunächst das Ergebnis von hinten und klemme es dann von vorne ein. Um das

Ergebnis von hinten zu ermitteln, wende ich die Überkreuzmethode der Multiplikation von hinten an.

Und das mache ich folgendermaßen: Die Aufgabe 12 449 : 59 = ? können Sie auch so hinschreiben:

$$\begin{array}{r} ? \\ 59 \\ \hline 12\,449 \end{array}$$

Die Darstellung ist dieselbe wie bei der Überkreuzmultiplikation, nur dass Sie statt zwei zu multiplizierenden Zahlen lediglich eine dieser Zahlen sehen und dazu das Ergebnis.

Wie kann man nun die Einerstelle des ? finden? Zunächst wissen wir, dass das Ergebnis (12 449) auf 9 endet. Dann wissen wir auch, dass die Einerstelle der zweiten Zahl (59) eine 9 ist. Um die Einerstelle der ersten Zahl zu finden, müssen wir uns fragen, mit welcher Zahl die Einerstelle der zweiten Zahl multipliziert werden muss, damit das Produkt der Einerstellen auf 9 endet. Dann haben wir die Einerstelle der ersten Zahl gefunden.

Wir rechnen also die Einerstelle von ? (unbekannt) * die Einerstelle der zweiten Zahl (= 9) = irgendeine Zahl, die auf 9 endet (die Lösungszahl endet auf 9).

In Kurzform: ? * 9 = Zahl, die auf 9 endet.

Wenn Sie die Neuner-Reihe durchgehen (9, 18, 27, 36, 45, …), sehen Sie, dass nur 1 * 9 auf 9 endet. Deswegen ist die Einerstelle des ersten Operanden eine 1.

$$\frac{?1}{59}$$
$$12\,449$$

Wir wissen, dass nur noch die Hunderterstelle und die Zeh-nerstelle fehlen, denn wir haben mit dem Nullenanhänge-spielchen festgestellt, dass das Ergebnis dreistellig ist.

Beim nächsten Schritt können Sie das »Einklemmen« beob-achten, denn jetzt nehme ich mir die Hunderterstelle, also die vordere Ziffer vor. Ich stelle fest, dass die Aufgabenzahl mit 124 oder besser »knapp 124 einhalb« anfängt. Es ist rela-tiv leicht abzuschätzen, dass »knapp 124 einhalb« etwas mehr als das Doppelte von 59 ist. Deshalb muss die Hunder-terstelle eine 2 sein. Weil zwischen »knapp 124 einhalb« und 118 (= 2 * 59) »knapp 6 einhalb« liegen und »knapp 6 ein-halb« etwas mehr als ein Zehntel von 59 ist, muss die Zeh-nerstelle der Lösung eine 1 sein. Insgesamt haben Sie die Lösung 211 ermittelt.

Ich benutze die Einklemmungstechnik als Ersatzstrategie, um die aufwendige schriftliche »Schulmethode« der Division zu umgehen. Allerdings verlangt sie viel Erfahrung und darüber hinaus ein gutes Schätzgefühl für Größen von Zahlen.

Leider hat die Einklemmungsmethode – was den hinteren Teil anbelangt – ein paar Schwächen. Wie Sie oben schon erfah-ren haben, ist sie für nicht aufgehende Divisionen nicht ver-wendbar, weil das Ergebnis dann keiner ganzen Zahl ent-spricht. Außerdem ist die Gleichung, wenn der Teiler gerade ist, nicht eindeutig lösbar.

Ist der Teiler eine ungerade Zahl mit Endung ungleich 5, haben wir mit der Einklemmungstechnik von hinten keine Probleme, weil die umgekehrte Überkreuzmultiplikation immer eindeutig auflösbar ist. Alternativ zur Einklemmungsmethode von vorne wollen wir dieselbe Aufgabe mit der Einklemmungsmethode von hinten lösen. Diese Vorgehensweise erfordert im Gegensatz zur vorherigen Berechnung keine Schätzkünste oder größere Erfahrung. Die Zehner- und Hunderterstelle lassen sich sicher und zuverlässig ermitteln.

Kommen wir zurück zur Divisionsaufgabe 12 449 : 59 = ? Wir rechnen noch einmal mit der umgekehrten Überkreuzmethode.

$$
\begin{array}{r}
?1 \\
59 \\
\hline
12\,449
\end{array}
$$

Wir versuchen, die Zehnerstelle des ersten Operanden zu finden: Sie beginnen mit dem Übertrag des Einerstellenproduktes (1 * 9 = 09). Zur 0 addieren Sie das Produkt der Einerstelle des ersten Operanden (= 1) und der Zehnerstelle des zweiten Operanden (= 5). Dies ergibt 0 + 1 * 5 = 5. Zur 5 addieren Sie das Produkt der unbekannten Zehnerstelle des ersten Operanden (= ?) und der Einerstelle des zweiten Operanden (= 9).

$$
\begin{array}{cc}
? & 1 \\
& \times \\
5 & 9 \\
\hline
4 & 9
\end{array}
$$

Das Ergebnis muss auf 4 enden, denn die Zehnerstelle der Lösung ist eine 4.

Sie rechnen 5 + ? * 9 = Eine Zahl, die auf 4 endet.

Wenn Sie die Neuner-Reihe durchgehen (9, 18, 27, 36, 45, 54, 63, 72, 81), sehen Sie, dass nur 1 * 9 die Voraussetzungen erfüllt. Mit anderen Worten endet 1 * 9 (= 9) auf eine 9 und die gesamte Summe auf eine 4.

$$5 + 1 * 9 = 14.$$

Damit ist die Zehnerstelle des ersten Operanden eindeutig bestimmt. Sie ist eine 1. Mit anderen Worten endet »?« auf 1.

```
  ?11
   59
-------
12 449
```

Nun ermitteln wir die Hunderterstelle des ersten Operanden. Wir beginnen wieder mit dem Übertrag des letzten Rechenschrittes (5 + 1 * 9 = 14). Zum Übertrag 1 addieren Sie das Produkt der Zehnerstelle des ersten Operanden (= 1) und der Zehnerstelle des zweiten Operanden (= 5). Dies ergibt 1 + 1 * 5 = 6. Zur 6 addieren Sie das Produkt der unbekannten Hunderterstelle des ersten Operanden (= ?) und der Einerstelle des zweiten Operanden (= 9).

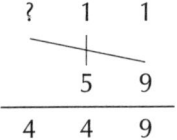

Das Ergebnis muss auf 4 enden, weil die Hunderterstelle der Lösung eine 4 ist.

Sie rechnen 6 + ? * 9 = Eine Zahl, die auf 4 endet.

Wenn Sie die Neuner-Reihe durchgehen (9, 18, 27, 36, 45, 54, 63, 72, 81), sehen Sie, dass nur 2 * 9 die Voraussetzungen erfüllt. Mit anderen Worten endet 2 * 9 (= 18) auf eine 8 und die gesamte Summe auf eine 4.

$$6 + 2 * 9 = 24.$$

Damit ist die Hunderterstelle des ersten Operanden eindeutig bestimmt. Sie ist eine 2. Mit anderen Worten ist das »?« eine 2.

Wir schreiben:

$$\begin{array}{r} 211 \\ 59 \\ \hline 12\,449 \end{array}$$

und haben die Divisionsaufgabe 12 449 : 59 = 211 gelöst.

Jetzt sollten Sie es einmal selbst versuchen! Was bekommen Sie bei 325 : 25 oder bei 345 : 15 raus? Probieren Sie es mit der Erweiterungsmethode! Probieren Sie dieselbe Methode auch bei der Aufgabe 3 475 : 25. Für 1 050 : 30 nehmen Sie bitte die Kürzungsmethode. Berechnen Sie dann 1 479 : 29 und 677 329 : 823. Versuchen Sie die Einklemmungsmethode von beiden Seiten zu verwenden. Berechnen Sie 41 024 : 64 und verwenden Sie die Kürzungsmethode. Alle Lösungen finden Sie in Kapitel 11.

Nun kommen wir zu den nichtaufgehenden Divisionen. Zuerst rechne ich Ihnen wieder ein Beispiel für eine nicht aufgehende Division mit Hilfe der »klassischen Schulmethode« vor:

$$172 : 7 = ?$$

Wir fangen links mit der 1 an und stellen fest, dass in die 1 (weil 1 < 7) keinmal die 7 reingeht. Die 1 ist die Hunderterstelle der Zahl 172. Weil 1 < 7, ist das Divisionsergebnis von 1 : 7 = 0, wobei ein Rest von 1 übrig bleibt. Die Hunderterstelle der Lösung ist eine 0.

Wir schreiben:

$$\begin{array}{r} 1 \\ -\,0 \\ \hline 1 \end{array}$$

Als Nächstes betrachten wir zusätzlich zur 1 die 7 – die nächste Ziffer der Aufgabenzahl – und arbeiten mit der 17 weiter. Wir fragen uns, wie häufig die 7 in die 17 passt. Mittels der Fingermathematik oder der 1 $*$ 1-Kenntnisse gehen wir die Siebener-Reihe durch, bis wir am Ziel sind: 7, 14, 21. Stopp! 21 ist schon zu hoch.

$$\begin{array}{r} 17 \\ -\,14 \\ \hline 3 \end{array} \qquad \rightarrow \text{Lösungsstelle} = 2$$

Wir dürfen für die Subtraktion der Zahl 14 als erste Lösungsziffer eine 2 notieren. Die 2 ist die Zehnerstelle der Lösung.

Als Nächstes ziehen wir die letzte Stelle der Aufgabenzahl – hier die 2 – herunter, und der Einfachheit halber notieren wir die 2 hinter der 3, um den nächsten Schritt ausführen zu können:

$$
\begin{array}{r}
1\,7\,2 \\
-\,1\,4 \\
\hline
3\,2
\end{array}
$$

Wir arbeiten mit der 32 weiter und gehen im Geiste erneut die Siebener-Reihe durch (7, 14, 21, 28, 35). Dabei stellen wir fest, dass 5 ∗ 7 = 35 schon zu viel ist. Die nächste Lösungsstelle ist daher die 4. Sie ist die Einerstelle der Lösung.

$$
\begin{array}{r}
1\,7\,2 \\
-\,1\,4 \\
\hline
3\,2 \\
-\,2\,8 \\
\hline
4
\end{array}
$$
→ Lösungsstelle = 4

Wir notieren rechts an die Stelle des Fragezeichens die beiden Lösungsstellen 2 und 4 und haben die Gesamtlösung 24 erhalten. Leider steht jetzt unten noch eine 4.

Deshalb hier wieder ein goldener Satz: Immer wenn am Schluss, also dann, wenn keine weitere Ziffer der zu teilenden Zahl heruntergezogen werden kann, eine Zahl ungleich 0 steht, wissen wir, dass die Division nicht aufgeht. Das Ergebnis hat also Nachkommastellen, die ungleich 0 sind.

Was sollen wir mit der 4 machen? Wir können den bequemen Weg gehen und schreiben, dass 172 : 7 = 24 Rest 4 ergibt. Mit »24 Rest 4« meinen wir, dass das exakte Ergebnis zwischen 24 und 25 liegen muss.

Wollen wir die Division genauer durchführen, ziehen wir einfach Nullen herunter. Der Trick mit den Nullen ist erlaubt, weil ich statt 172 auch 172,0 oder 172,00 oder 172,000 schreiben darf. Die Nullen sind also sowieso da, nur meistens schreiben wir sie nicht extra. Durch das Anhängen der Nullen ändert sich der Wert der Zahl 172 nicht.

Wir schreiben deshalb:

```
   172,0
 − 14              → Lösungsstelle = 2
 ─────
    32
 − 28              → Lösungsstelle = 4
 ─────
    4 0
```

Wir arbeiten mit der 40 weiter und gehen im Geiste erneut die Siebener-Reihe durch (7, 14, 21, 28, 35, 42) und stellen fest, dass 6 * 7 = 42 schon zu viel ist. Die nächste Lösungsstelle ist daher die 5.

Wir schreiben:

```
   172,0
 − 14              → Lösungsstelle = 2
 ─────
    32
 − 28              → Lösungsstelle = 4
 ─────
    40
 − 35              → Lösungsstelle = 5
 ─────
     5
```

Betrachten wir die drei Lösungsstellen, haben wir zwei, die 24, vor dem Komma und die letzte nach dem Komma: Wir haben bisher also die Lösung 24,5 ermittelt, wobei noch 5 Einheiten nach der Subtraktion übrig geblieben sind.

Jetzt wollen wir noch eine weitere Lösungsstelle ermitteln. Dafür müssen wir erneut eine Null herunterziehen.

$$
\begin{array}{rl}
172{,}0\,0 & \\
\underline{-\ 14} & \quad \rightarrow \text{Lösungsstelle} = 2 \\
32 & \\
\underline{-\ 28} & \quad \rightarrow \text{Lösungsstelle} = 4 \\
4\,0 & \\
\underline{-\ 3\,5} & \quad \rightarrow \text{Lösungsstelle} = 5 \\
5\ 0 &
\end{array}
$$

Wir arbeiten mit der 50 weiter und gehen im Geiste erneut die Siebener-Reihe durch (7, 14, 21, 28, 35, 42, 49, 56) und stellen fest, dass $8 * 7 = 56$ schon zu viel ist. Die nächste Lösungsstelle ist daher die 7.

$$
\begin{array}{rl}
172{,}00 & \\
\underline{-\ 14} & \quad \rightarrow \text{Lösungsstelle} = 2 \\
32 & \\
\underline{-\ 28} & \quad \rightarrow \text{Lösungsstelle} = 4 \\
40 & \\
\underline{-\ 35} & \quad \rightarrow \text{Lösungsstelle} = 5 \\
50 & \\
\underline{-\ 49} & \quad \rightarrow \text{Lösungsstelle} = 7 \\
1 &
\end{array}
$$

Betrachten wir die vier Lösungsstellen, haben wir zwei, die 24 vor dem Komma und zwei nach dem Komma: Wir haben bisher also die Lösung 24,57 ermittelt, wobei noch 1 Einheit nach der Subtraktion übrig geblieben ist. 172 : 7 ist also ein wenig größer als 24,57. Natürlich könnte man weitere Nachkommastellen ausrechnen. Falls Sie es versuchen, werden Sie merken, dass sich die weiteren Stellen nach einem bestimmten Muster wiederholen. Dieses Muster heißt Periode. Die Lösung von 172 : 7 ist also: 24 Komma Periode 571428 und wird $24,\overline{571428}$ geschrieben.

Ein Beispiel für ein solches Muster ist auch die nicht aufgehende Division 8 : 3.

Die vier ersten Stellen der Lösung lauten:

$$
\begin{array}{ll}
8,000\,0 & \\
\underline{-\ 6} & \rightarrow \text{Lösungsstelle} = 2 \\
20 & \\
\underline{-18} & \rightarrow \text{Lösungsstelle} = 6 \\
20 & \\
\underline{-18} & \rightarrow \text{Lösungsstelle} = 6 \\
2\,0 & \\
\underline{-18} & \rightarrow \text{Lösungsstelle} = 6 \\
2\,0 &
\end{array}
$$

Wir haben eine Vorkommastelle und unendlich viele Nachkommastellen, die immer 6 lauten. Die Lösung lautet »2 Komma Periode 6«, und wir schreiben $2,\overline{6}$.

Nicht immer muss eine nichtaufgehende Division unendlich lang gehen, wie folgendes Beispiel zeigt:

$$3 : 2 = ?$$

Wir rechnen:

```
   3,0
 – 2            → Lösungsstelle = 1
 ─────
   1 0
 – 1 0          → Lösungsstelle = 5
 ─────
     0
```

Wir haben eine 1 vor dem Komma und eine 5 nach dem Komma. Wir haben also die Lösung 1,5 ermittelt, wobei 0 Einheiten nach der Subtraktion übrig geblieben sind. Und das ist auch schon alles.

Je mehr Stellen der Teiler aufweist, desto schwieriger ist eine Division, egal ob aufgehend oder nicht. Man muss sich, wenn der Teiler n Stellen hat, bis zu dreimal so viele derartige Stellen merken können, um Divisionen im Kopf ausführen zu können.

Nun zeige ich Ihnen ein noch etwas schwierigeres Beispiel für eine nicht aufgehende Division.

$$54\,761 : 129 = ?$$

Wie Sie ja wissen, können wir hier leider nicht von hinten anfangen und die Überkreuzmultiplikation durchführen, weil uns der Rest im Weg ist. Diese Vorgehensweise funktioniert bei nicht aufgehenden Aufgaben nicht.

Wir fangen links mit der 5 an. Die 5 ist die Zehntausenderstelle der Zahl 54 761. Weil $5 < 129$ ist, ist das Divisionsergebnis von $5 : 129 = 0$, wobei ein Rest von 5 übrig bleibt. Die Zehntausenderstelle der Lösung ist eine 0.

Als Nächstes betrachten wir zusätzlich zur 5 die nächste Ziffer der Aufgabenzahl und arbeiten mit der 54 weiter. Wir stellen fest, dass auch in die 54, weil 54 < 129, keinmal die 129 reingeht. Also ist auch die Tausenderstelle der Lösung eine 0.

Wir rücken noch eine Stelle weiter nach rechts und arbeiten mit der 547 weiter. Wir fragen uns, wie oft die 129 in die 547 reingeht. Dazu zwei Vorgehensweisen: Entweder Sie behandeln die 129 wie die Zahl »130 – 1« und kommen dann leicht mit der Fingermathematik weiter. $2 * 129 = 2 * (130 - 1)$ oder $3 * 129 = 3 * (130 - 1)$.

Alternativ ist 129 ein wenig mehr als ein Achtel von Tausend. Es gilt also: $129 = 125 + 4$. Zahlen wie 125 lassen sich besonders leicht vervielfachen ($2 * 125 = 250$; $3 * 125 = 375$; $4 * 125 = 500$). Sie rechnen dann $2 * 129 = 2 * (125 + 4) = 250 + 8$.

Auf jeden Fall ist $5 * 129$ mehr als 547. Um das Ergebnis rauszukriegen, können Sie anstelle der Multiplikation mit 5 einfach eine Null dranhängen (Multiplikation mit 10) und dann das Ergebnis durch 2 teilen: $129 \to 1290 \to 645$.

$$4 * 129 = 4 * (130 - 1) = 520 - 4 = 516 \text{ oder}$$
$$4 * (125 + 4) = 500 + 16 = 516 \text{ ist kleiner als 547.}$$

Deshalb ist die Hunderterstelle der Lösung eine 4.

$$\begin{array}{r} 547 \\ -\,516 \\ \hline 31 \end{array} \qquad \to \text{Lösungsstelle} = 4$$

Als Nächstes ziehen wir die nächste Ziffer nach unten.

```
  5476
– 516          → Lösungsstelle = 4
  ───
   316
```

Wir rechnen aus, wie viel 316 : 129 ist. Eine geeignete Strategie für die 129er-Reihe könnte beispielsweise so aussehen: Man findet schnell heraus, dass 3 ∗ 129 mehr als 316 ausmacht. Deshalb versuchen wir 2 ∗ 129 auszurechnen:

$2 * 129 = 2 * (130 - 1) = 260 - 2 = 258$
oder $2 * (125 + 4) = 250 + 8 = 258$ ist kleiner als 316.

Damit erhalten wir mit 2 ∗ 129 = 258 die 2 als Zehnerstelle der Lösung.

```
   5476
 – 516          → Lösungsstelle = 4
   ───
    316
  – 258          → Lösungsstelle = 2
   ───
     58
```

Wieder ziehen wir eine Ziffer nach unten, diesmal die 1.

```
   54761
 – 516           → Lösungsstelle = 4
   ───
    316
  – 258          → Lösungsstelle = 2
   ───
     581
```

Wir rechnen aus, wie viel 581 : 129 ist. Das ist einfach, denn wir haben vorhin schon ausgerechnet, dass 4 ∗ 129 = 516 ist, und wissen also, dass hier eine 4 stehen muss. Die 4 ist die Einerstelle der Lösung.

```
  54761
- 516              → Lösungsstelle = 4
  ─────
   316
 - 258             → Lösungsstelle = 2
  ─────
   581
 - 516             → Lösungsstelle = 4
  ─────
    65
```

Die Division geht also nicht auf, weil ein Rest von 65 verblieben ist.

Unsere bisherige Lösung lautet: 54761 : 129 = 424 Rest 65. Weil 65 in etwa die Hälfte von 129 ist, können wir behaupten, dass die genaue Lösung in der Nähe von 424,5 liegen müsste. Das werden wir jetzt überprüfen, indem wir wieder eine Null anhängen.

```
  54761,0
- 516              → Lösungsstelle = 4
  ─────
   316
 - 258             → Lösungsstelle = 2
  ─────
   581
 - 516             → Lösungsstelle = 4
  ─────
    65 0
```

Wir arbeiten mit der 650 weiter und wenden eine geeignete Strategie für die 129er-Reihe an. Wir wissen noch, dass 5 * 129 = 645 ist und dass 645 nur ein bisschen weniger als 650 ist. Damit erhalten wir mit 5 * 129 = 645 die erste Nachkommastelle der Lösung, eine 5, ohne dass wir irgendetwas rechnen mussten.

```
  54761,0
- 516              → Lösungsstelle = 4
  ─────
  316
- 258              → Lösungsstelle = 2
  ─────
  581
- 516              → Lösungsstelle = 4
  ─────
  65 0
- 64 5             → Lösungsstelle = 5
  ─────
     5
```

Als Nächstes hängen wir eine weitere 0 an.

```
  54761,00
- 516              → Lösungsstelle = 4
  ─────
  316
- 258              → Lösungsstelle = 2
  ─────
  581
- 516              → Lösungsstelle = 4
  ─────
  65 0
- 64 5             → Lösungsstelle = 5
  ─────
    50
```

Weil 50 < 129 ist, geht die 129 keinmal in die 50 rein. Das ist aber kein Problem, weil dann die zweite Nachkommastelle einfach eine 0 ist.

```
  54761,00
- 516              → Lösungsstelle = 4
  ─────
  316
- 258              → Lösungsstelle = 2
  ─────
  581
```

$$-516 \qquad \rightarrow \text{Lösungsstelle} = 4$$
$$\overline{65\ 0}$$
$$-64\ 5 \qquad \rightarrow \text{Lösungsstelle} = 5$$
$$\overline{5\ 0}$$
$$-0 \qquad \rightarrow \text{Lösungsstelle} = 0$$
$$\overline{50}$$

Als Nächstes hängen wir eine weitere 0 an und erhalten:

$$54761,000$$
$$-516 \qquad \rightarrow \text{Lösungsstelle} = 4$$
$$\overline{316}$$
$$-258 \qquad \rightarrow \text{Lösungsstelle} = 2$$
$$\overline{581}$$
$$-516 \qquad \rightarrow \text{Lösungsstelle} = 4$$
$$\overline{65\ 0}$$
$$-64\ 5 \qquad \rightarrow \text{Lösungsstelle} = 5$$
$$\overline{50}$$
$$-\ 0 \qquad \rightarrow \text{Lösungsstelle} = 0$$
$$\overline{500}$$

Wir arbeiten mit der 500 weiter und wissen von oben, dass $4 * 129 = 516$ größer als 500 ist. Deshalb probieren wir $3 * 129$ auszurechnen:

$$3 * 129 = 3 * (130 - 1) = 390 - 3 = 387$$
oder $3 * (125 + 4) = 375 + 12 = 387$ ist kleiner als 500.

Damit erhalten wir mit $3 * 129 = 387$ als dritte Nachkommastelle der Lösung eine 3.

$$
\begin{array}{r}
54761{,}000 \\
-\,516 \\
\hline
316 \\
-\,258 \\
\hline
581 \\
-\,516 \\
\hline
65\ 0 \\
-\,64\ 5 \\
\hline
50 \\
-\quad 0 \\
\hline
500 \\
-\,387 \\
\hline
113
\end{array}
$$

→ Lösungsstelle = 4

→ Lösungsstelle = 2

→ Lösungsstelle = 4

→ Lösungsstelle = 5

→ Lösungsstelle = 0

→ Lösungsstelle = 3

Unsere Lösung ist also 424,503, und es sind 113 Einheiten übrig geblieben. Wir könnten hier natürlich immer weitermachen, aber das schaffen Sie jetzt auch allein! Das kleine 129er-Einmaleins haben Sie bestimmt schon gut drauf.

Einige weitere Stellen können wir auch einfach abschätzen. Das mache ich so: $\frac{113}{129}$ ist nur ein kleines bisschen mehr als $\frac{7}{8}$ und deshalb sind die nächsten Stellen in etwa 8, 7 und 6, denn das sind gut sieben Achtel.

Mit dem nächsten Beispiel möchte ich eine Methode skizzieren, die mir Willem Bouman bei einem meiner Besuche in Holland gezeigt hat. Er erhielt sie von Robert Fountain, der sie vermutlich entwickelt hat. Auf jeden Fall kursiert diese Rechenkünstler-Methode gerade bei uns Profis, und für mich war sie in einigen Punkten neu. Im Gegensatz zu den bisher genannten Methoden stellt sie etwas höhere Ansprüche an den Leser.

Mit dieser Methode wollen wir eine nichtaufgehende Division lösen. Das Ergebnis soll bis auf drei Nachkommastellen genau ermittelt werden.

161 547 : 263

Zuerst ermitteln wir, wie viele Vorkommastellen das Ergebnis hat.

Wir vergleichen 161 547 mit 263
263 * 100 = 26 300 ist kleiner als 161 547
263 * 1 000 = 263 000 ist größer als 161 547.

Das Ergebnis der Division ist größer als 100 und kleiner als 1 000. Deshalb hat die Lösung drei Vorkommastellen.

Ermitteln der ersten Lösungsstelle der Division
Schritt 1 Betrachten der ersten beiden Stellen des Divisors. Wir sehen, dass die ersten beiden Stellen des Divisors 26 lauten. Nach diesen Stellen setzen wir in unserer Vorstellung einen mentalen Strich. In unserer Vorstellung hat der Divisor folgendes Aussehen: 26 | 3

Schritt 2 Inspektion der ersten Stellen des Dividenden. Wir gehen sukzessive die Stellen des Dividenden von links nach rechts durch, bis der Zahlenwert zwischen 26 und 260 liegt. Die 26 hatten wir ja schon im Schritt 1 gefunden.

1 ist kleiner als 26. Wir nehmen eine weitere Stelle dazu.
16 ist kleiner als 26. Wir nehmen eine weitere Stelle dazu.
Die ersten drei Stellen des Dividenden, 161, erfüllen die Voraussetzung.

Es gilt 1 * 26 = 26 < 161 < 260 = 10 * 26

Schritt 3   Die eigentliche Division für die erste Lösungsstelle. Dieses ist der schwierigste Schritt. Wir müssen feststellen, wie häufig die 26 in die 161 reingeht. Hier können Sie selber über eine Strategie nachdenken. Die einfachste ist die Musterung der Reihe (26, 52, 78, 104, 130, 156, 182, 208, 234, 260). Vielleicht könnten Sie auch schätzen und dann die Probe machen. Beispielsweise könnten Sie vermuten, dass $5 * 26 = 10 * 13 = 130$ zu klein ist, und feststellen, dass $161 - 130 = 31$ nur einmal die 26 enthält. Sie schließen dann, dass in die 161 insgesamt 6-mal die 26 reingeht. Dann kontrollieren Sie Ihre Schätzung durch eine Probe. Sie rechnen:

$6 * 26 = 156.$ $(5 * 26 + 1 * 26 = 130 + 26 = 156)$

Bis 161 fehlen noch 5 Einheiten. Diese 5 Einheiten nennen wir den Rest.

$161 : 26 = 6$ Rest 5

Weil der Rest nicht größer ist als der Divisor, haben Sie richtig geschätzt. Andernfalls hätten Sie Ihre Schätzung korrigieren müssen.

Die Zahl vor dem Rest ist unsere erste Stelle der Lösung.

$161\,547 : 263 = 6 \dots$

Ermitteln der zweiten Lösungsstelle der Division

Schritt 1   Inspektion des Restes. Sie multiplizieren den Rest mit 10 oder hängen an den Rest eine 0 an.

$5 * 10 = 50$

Schritt 2   Sie betrachten die Ziffer des Dividenden, die auf 161 folgt, und addieren diese zum zehnfachen Rest. Auf die 161 folgt im Dividenden eine 5. Diese Zahl addieren Sie zu 50.

$50 + 5 = 55$

Schritt 3 Subtraktion gemäß Überkreuzmethode. Sie ziehen von 55 ein Produkt ab. Für das Produkt nehmen wir die erste Lösungsstelle, die 6, und die Stelle, die hinter dem mentalen Strich des Divisors steht, die 3. Mit anderen Worten, Sie ziehen 3 * 6 von 55 ab.

$$55 - 3 * 6 = 55 - 18 = 37$$

Schritt 4 Die eigentliche Division für die zweite Lösungsstelle. Wie häufig passt die 26 in die 37? Die Antwort ist einfach. Auch den Rest können Sie leicht ermitteln. 37 liegt zwischen 26 und 52. Wir haben $37 - 26 = 11$.

$$37 : 26 = 1 \text{ Rest } 11$$

Weil der Rest nicht größer ist als der Divisor, haben Sie richtig geschätzt. Andernfalls müssten Sie Ihre Schätzung korrigieren. Die Zahl vor dem Rest ist unsere zweite Stelle der Lösung.

$$161\,547 : 263 = 61\ldots$$

Ermitteln der dritten Lösungsstelle der Division

Schritt 1 Inspektion des Restes. Sie multiplizieren den Rest mit 10 oder hängen an den Rest eine 0 an.

$$11 * 10 = 110$$

Schritt 2 Sie betrachten die Ziffer des Dividenden, die auf 1 615 folgt, und addieren diese zum zehnfachen Rest. Sie haben zuvor schon die 5 heruntergezogen. Auf die 1 615 folgt im Dividenden eine 4. Diese Zahl addieren Sie zu 110.

$$110 + 4 = 114$$

Schritt 3 Subtraktion gemäß Überkreuzmethode. Sie ziehen von 114 ein Produkt ab. Für das Produkt nehmen wir die zweite Lösungsstelle, die 1, und die Stelle, die hinter dem mentalen Strich des Divisors steht, die 3. Mit anderen Worten, Sie ziehen 3 * 1 von 114 ab.

$$114 - 3 * 1 = 114 - 3 = 111$$

Schritt 4   Die eigentliche Division für die dritte Lösungsstelle. Wie häufig passt die 26 in die 111?

Hier können Sie selber über eine Strategie nachdenken. Die einfachste ist wieder die Musterung der 26er-Reihe (26, 52, 78, 104, 130, 156, 182, 208, 234, 260). Vielleicht könnten Sie auch schätzen und dann die Probe machen. Beispielsweise könnten Sie vermuten, dass 5 * 26 = 10 * 13 = 130 zu groß ist und feststellen, dass 130 – 26 = 104 gut passen würde. Sie schließen dann, dass in die 111 insgesamt viermal die 26 reingeht. Dann kontrollieren Sie Ihre Schätzung durch eine Probe. Sie rechnen:

4 * 26 = 104. (5 * 26 – 1 * 26 = 130 – 26 = 104)

Alternativ kann man statt mit 26 mit der 25 rechnen, weil die 25er-Reihe wesentlich einfacher zu bilden ist (25, 50, 75, 100, 125, 150, 175, 200, 225, 250). Die 26er-Reihe lässt sich dann leicht ableiten (25 + 1 = 26, 50 + 2 = 52, 75 + 3 = 78, 100 + 4 = 104, usw.).

Bis 111 fehlen noch 7 Einheiten. Diese 7 Einheiten bilden den Rest.

111 : 26 = 4 Rest 7

Die Zahl vor dem Rest ist unsere dritte Stelle der Lösung.

161 547 : 263 = 614, …

Bitte vergessen Sie nicht, hinter der 614 ein Komma zu setzen, weil die Antwort drei Vorkommastellen enthält, wie wir weiter oben festgestellt haben.

Ermitteln der vierten Lösungsstelle der Division

Schritt 1   Inspektion des Restes. Sie multiplizieren den Rest mit 10 oder hängen an den Rest eine 0 an.

$7 * 10 = 70$

Schritt 2   Sie betrachten die Ziffer des Dividenden, die auf 16154 folgt, und addieren diese zum zehnfachen Rest. Sie haben zuvor schon die 4 heruntergezogen. Auf die 16154 folgt im Dividenden eine 7. Diese Zahl addieren Sie zu 70.

$70 + 7 = 77$

Schritt 3   Subtraktion gemäß Überkreuzmethode. Sie ziehen von 77 ein Produkt ab. Für das Produkt nehmen wir die dritte Lösungsstelle, die 4, und die Stelle, die hinter dem mentalen Strich des Divisors steht, die 3. Mit anderen Worten, Sie ziehen $3 * 4$ von 77 ab.

$77 - 3 * 4 = 77 - 12 = 65$

Schritt 4   Die eigentliche Division für die vierte Lösungsstelle. Wie häufig passt die 26 in die 65?
Hier können Sie recht leicht erkennen, dass $2 * 26 = 52$ die gewünschte Lösung darstellt, also zweimal. Dann kontrollieren Sie Ihre Schätzung durch eine Probe. Sie rechnen:

$2 * 26 = 52$.

Bis 65 fehlen noch 13 Einheiten. Diese 13 Einheiten bilden den Rest.

$65 : 26 = 2 \text{ Rest } 13$

Die Zahl vor dem Rest ist unsere vierte Stelle der Lösung. Sie ist zugleich die erste Nachkommastelle der Lösung.

$161\,547 : 263 = 614{,}2 \ldots$

Ermitteln der fünften Lösungsstelle der Division

Schritt 1 Inspektion des Restes. Sie multiplizieren den Rest mit 10 oder hängen an den Rest eine 0 an.

$$13 * 10 = 130$$

Schritt 2 Sie betrachten die Ziffer des Dividenden, die auf 161547 folgt, und addieren diese zum zehnfachen Rest. Sie haben zuvor schon die 7 heruntergezogen. Sie sehen, dass keine Ziffer übrig geblieben ist. In diesem Fall ziehen Sie einfach eine 0 herunter.

Auf die 161547 folgt im Dividenden eine 0. Diese Zahl addieren Sie zu 130.

$$130 + 0 = 130$$

Schritt 3 Subtraktion gemäß Überkreuzmethode. Sie ziehen von 130 ein Produkt ab. Für das Produkt nehmen wir die vierte Lösungsstelle, die 2, und die Stelle, die hinter dem mentalen Strich des Divisors steht, die 3. Sie ziehen also $3 * 2$ von 130 ab.

$$130 - 3 * 2 = 130 - 6 = 124$$

Schritt 4 Die eigentliche Division für die fünfte Lösungsstelle. Wie häufig passt die 26 in die 124?

Hier können Sie sich wieder selbst eine Strategie ausdenken. Die einfachste ist wie immer die Musterung der Reihe (26, 52, 78, 104, 130, 156, 182, 208, 234, 260). Oder Sie schätzen. $5 * 26 = 10 * 13 = 130$ ist zu groß, aber $130 - 26 = 104$ würde gut passen. Sie schließen, dass die 26 insgesamt viermal in die 124 reingeht. Kontrolle durch Probe:

$$4 * 26 = 104. \ (5 * 26 - 1 * 26 = 130 - 26 = 104)$$

Alternativ könnten Sie auch mit der 25 rechnen, wie weiter oben.

Bis 124 fehlen noch 20 Einheiten. Diese 20 Einheiten bilden den Rest.

$$124 : 26 = 4 \text{ Rest } 20$$

Die Zahl vor dem Rest ist unsere fünfte Stelle der Lösung. Sie ist zugleich die zweite Nachkommastelle der Lösung.

$$161\,547 : 263 = 614{,}24 \ldots$$

Ermitteln der sechsten Lösungsstelle der Division

Schritt 1 Inspektion des Restes. Sie multiplizieren den Rest mit 10 oder hängen an den Rest eine 0 an.

$$20 * 10 = 200$$

Schritt 2 Sie betrachten die Ziffer des Dividenden, die auf $161\,547(0)$ folgt, und addieren diese zum zehnfachen Rest. Sie haben zuvor schon die 7 heruntergezogen, dann die 0. Sie sehen, dass keine Ziffer des Dividenden übrig geblieben ist. In diesem Fall ziehen Sie einfach wieder eine 0 herunter. Auf die $161\,547(0)$ folgt im Dividenden eine 0. Diese Zahl addieren Sie zu 200.

$$200 + 0 = 200$$

Schritt 3 Subtraktion gemäß Überkreuzmethode. Sie ziehen von 200 ein Produkt ab. Für das Produkt nehmen wir die fünfte Lösungsstelle, die 4, und die Stelle, die hinter dem mentalen Strich des Divisors steht, die 3. Sie ziehen also $3 * 4$ von 200 ab.

$$200 - 3 * 4 = 200 - 12 = 188$$

Schritt 4   Die eigentliche Division für die sechste Lösungsstelle. Wie häufig passt die 26 in die 188?

Wie immer schauen Sie sich die Reihe an (26, 52, 78, 104, 130, 156, 182, 208, 234, 260) oder schätzen und machen dann die Probe. Sie vermuten, dass $5 * 26 = 10 * 13 = 130$ zu klein ist, und stellen fest, dass in die verbleibende 58 (= 188 − 130) die 26 noch zweimal reingeht. Sie schließen dann, dass in die 188 insgesamt siebenmal die 26 reingeht. Dann kontrollieren Sie Ihre Schätzung durch eine Probe. Sie rechnen:

$7 * 26 = 182. (5 * 26 + 2 * 26 = 130 + 52 = 182)$

Alternativ können Sie statt mit der 26 wieder mit der 25 rechnen.

Bis 188 fehlen noch 6 Einheiten. Diese 6 Einheiten bilden den Rest.

188 : 26 = 7 Rest 6

Die Zahl vor dem Rest ist unsere sechste Stelle der Lösung. Sie ist zugleich die dritte Nachkommastelle der Lösung.

161 547 : 263 = 614,247 …

Jetzt haben wir die gesuchten drei Nachkommastellen gefunden. Natürlich könnte man noch mehr Stellen ausrechnen, wenn man das will.

Bitte beachten Sie, dass das Zwischenergebnis nach dem jeweils dritten Schritt positiv sein muss. Sollte es negativ sein, verringern Sie bitte die Schätzung des vierten Schrittes der vorherigen Lösungsstelle um 1, dann haben Sie alle Probleme gelöst.

Beispiel: Es könnte später bei der Aufgabe oben folgende Situation eintreten: Wie häufig passt die 26 in die 183?

Nach Durchsicht der 26er-Reihe (7 * 26 = 182) bleibt ein Rest von 1 im vierten Schritt. Die zugehörige Lösungsstelle ist dann eine 7. Mit dem Rest von 1 können wir leicht die Schritte 1 bis 3 der nächsten Lösungsstelle ausführen und hätten folgende Werte: 1 * 10 = 10. Dann eine Null addieren, weil keine Stelle des Dividenden vorhanden ist: 10 + 0 = 10. Später muss noch 3 * 7 abgezogen werden.

Wir haben dann 10 − 3 * 7 = 10 − 21 = −11

In so einem Fall müssen wir dann anstelle der Lösungsstelle 7 mit der Lösungsstelle 6 arbeiten, und alles ist im Lot. Nur wirkt es ein wenig merkwürdig, wenn wir mit dem Rest 27 weiterarbeiten müssen.

Wir haben dann
27 * 10 = 270. Dann 270 + 0 = 270.
Zum Schluss haben wir 270 − 3 * 7 = 270 − 21 = 249.

In die 249 passt die 26 neunmal hinein. Dies ist eine gute Entwicklung, denn die Zahl liegt zwischen 0 und 9, es handelt sich nicht um einen negativen Wert, und wir müssen nicht herumjonglieren.

Zum Abschluss noch ein Tipp, wie Sie am besten erkennen, welche Methode für welche Aufgabe funktioniert. Sie müssen sich, bevor Sie mit einer Aufgabe beginnen, immer fragen, ob es sich um eine aufgehende oder eine nicht aufgehende Aufgabe handelt. Ich stelle es mir so vor, dass es in dem großen Reich der Zahlen ein Teilbarkeitsland gibt. Und in diesem Land gibt es zwei Bundesstaaten namens »Aufgehende Aufgaben« und »Nichtaufgehende Aufgaben«. Im wirklichen Leben wissen Sie normalerweise aber leider nicht, aus welchem Bundesstaat Ihre Aufgabe stammt, d. h., ob sie aufgehend oder nicht aufgehend ist. Sie müssen deswegen im Zweifel davon ausgehen, dass die Aufgabe nicht aufgehend ist und sie entsprechend rechnen.

Jetzt können Sie die nicht aufgehenden Divisionen selbst ein bisschen üben.

1. Berechnen Sie die Aufgaben 7 : 3; 23 : 7; 111 : 12; 437 : 22; 1 789 : 53; 14 678 : 112 und 123 456 : 789. Die Angabe von zwei Nachkommastellen genügt.

2. Das höchste Haus der Welt ist der Burj Khalifa in Dubai mit 828 Metern und 189 Stockwerken. Das höchste deutsche Haus, die Commerzbank in Frankfurt, ist mit Antenne nur 300 Meter hoch. Wie hoch ist im Mittel ein Stockwerk, wenn auf dem Burj-Khalifa-Gebäude ein 211 Meter hoher Mast steht? Niedrigste Etage = Erdgeschoss, höchste Etage = 188. Obergeschoss. Der Mast fängt unmittelbar oberhalb der höchsten Etage an. Bitte geben Sie zwei Nachkommastellen an. (Lösungsansatz: Sie rechnen erst 828 – 211 aus und dividieren das Ergebnis durch 189.)

3. In einem 3D-Kino werden die Abendeinnahmen abgerechnet: Genau zwei Drittel aller Besucher haben den vollen Preis gezahlt, die restlichen Besucher waren 25 Studenten und 35 Rentner. Die Studenten erhielten 25 % Ermäßigung, die Rentner brauchten nur die Hälfte zu zahlen. Nach Abzug der Miete für den großen Vorführraum (1 000,00 €) waren in der Kasse noch 250,00 €. (Die Kasse war am Anfang leer.) Berechnen Sie den durchschnittlichen Betrag, den ein Be-

sucher für diesen 3D-Film an diesem Abend ausgeben musste.

Nehmen wir nun an, dass niemand unter den Besuchern ist, der den vollen Eintrittspreis bezahlt hat. Von den 300 Plätzen sind 220 durch Rentner besetzt. Alle anderen Plätze sind für Studenten reserviert. Wie viele davon dürfen maximal frei bleiben, damit die Abendeinnahmen die Miete für den Vorführraum komplett abdecken?

4. Beim Pferderennen kam der Sieger nach 96 Sekunden ins Ziel. Das zweitbeste Pferd hat ein Zweiunddreißigstel mehr Zeit gebraucht als das erste. Das drittbeste hat ein Sechsundsechzigstel mehr Zeit benötigt als das zweitbeste. Das vierte Pferd brauchte 101 Sekunden. Wie viele Sekunden ist das dritte Pferd schneller gewesen als das vierte?

5. Das durchschnittliche Jahr dauert 365 Tage, 5 Stunden, 48 Minuten und 46 Sekunden. Eine durchschnittliche Mondperiode 29 Tage, 12 Stunden und 45 Minuten. Wie viele Mondperioden hat ein durchschnittliches Jahr? Geben Sie bitte drei Nachkommastellen an.

6. Für einen 110-Meter-Hürdenlauf sollen 10 Hürden aufgestellt werden. Die Läufer starten an Position 0, die erste Hürde steht auf Position 3, die nächste steht 2,5 Positionen weiter und so fort. Benachbarte Positionen sind jeweils gleich weit entfernt. Wie viele Positionen ist die letzte Hürde vom Ziel entfernt, wenn die achte Hürde nur 50 Zentimeter vor der $\frac{3}{4}$- Markierung der Gesamtstrecke steht?

8. Kalenderrechnen

Als ich mich zum ersten Mal mit der Wochentags-
rechnung beschäftigte, war ich zwölf Jahre alt.
Das weiß ich noch genau und auch, dass es der
12.12.1978 war. Abends zwischen 7 und 8. Wie
ich genau darauf kam, das weiß ich nicht mehr,
weil ich mir Zahlen eben so viel besser merken
kann als das Drumherum. (Vielleicht ist es bei
Ihnen genau umgekehrt.) Die beste Gelegenheit,
mich eingehender mit dieser Fragestellung auseinanderzuset-
zen, bot sich während der Unterrichtsstunden. Wie schon
erwähnt, war ich kein Musterschüler. Den Unterricht fand ich
derart langweilig, dass ich mir immer etwas Neues ausdachte,
um mich zu beschäftigen. Heute bin ich meinen Lehrern
dankbar, dass sie mich auf diese Weise zum Nachdenken und
zum Entfalten meiner Kreativität eingeladen haben, denn
vielleicht hätte ich sonst nie eine Lösung des »Wochentag-
problems« gefunden. Ich entwickelte also meinen eigenen
Ansatz und testete ihn an meinen Mitschülern. Das wurde
mit der Zeit aber langweilig, weil unsere Geburtsdaten größ-
tenteils im selben Jahr lagen. Um das Ganze für mich interessanter zu machen, wandte ich das Konzept auch im
Geschichtsunterricht an. Noch heute rechne ich, sobald ich
von einem großen, aber lange zurückliegenden Ereignis höre,
sofort den dazugehörigen Wochentag aus. Der Sturm auf die
Bastille am 14. Juli 1789 war ein Dienstag. Thomas Mann
wurde an einem Sonntag geboren, nämlich am 6. Juni 1875,
und Thomas Alva Edison meldete das Patent Nr. 223898 für
seine Verbesserung der Glühlampe an einem Dienstag an.

Wenn ich mir früher Science-Fiction-Filme ansah, stellte ich oft fest, dass die Wochentage nicht stimmten. Man ging anscheinend davon aus, dass niemand so etwas überprüfen würde. Inzwischen stimmen die Daten. Vielleicht gibt es jetzt eine Software, die so etwas überprüft, oder man achtet bei der Recherche einfach mehr darauf.

Ich schätze, dass von 100 Personen 30 den Wochentag ihres Geburtsdatums kennen, 70 nicht. Drei von den 70 glauben, den Wochentag zu kennen, an dem sie geboren wurden, irren sich aber. Ich führe diese Berechnungen natürlich oft vor Publikum vor, und manchmal gibt es dabei unliebsame Überraschungen. Zum Beispiel bei Leuten, die ihr Leben lang davon überzeugt waren, an einem Sonntag geboren worden zu sein. Oft sind sie enttäuscht und wollen es nicht glauben, wenn ich ihnen dann vorrechne, dass es in Wirklichkeit ein Freitag war. Das ist dann echte Überzeugungsarbeit. Ich muss richtig ausholen und gemeinsam mit den Betreffenden genau ausrechnen, wie viele Tage sie alt sind, indem wir die Jahre mal 365 Tage nehmen und die verbleibenden Tage und Schalttage addieren. Auf diese Weise kommt natürlich immer dasselbe Ergebnis heraus wie mit der Formel, die ich Ihnen jetzt vorstelle.

Damit Sie den Wochentag Ihres eigenen Geburtstags ausrechnen können, beginnen wir mit drei einfachen Vereinbarungen:

1. Wir setzen Wochentage mit Zahlen gleich: Samstag = 0, Sonntag = 1, Montag = 2, Dienstag = 3, Mittwoch = 4, Donnerstag = 5 und Freitag = 6.

2. Wir rechnen mit 7er-Resten. Den 7er-Rest einer Zahl erhalten wir, wenn wir diese Zahl durch 7 teilen und dann den Rest ermitteln. Dieser Rest ist eine Zahl zwischen 0 und 6. Der 7er-Rest von 10 ist 3. In der 10 ist die 7 einmal enthalten, es bleiben 3 übrig. Der 7er-Rest von 22 ist 1. In der 22 ist dreimal die 7 enthalten, es bleibt 1 übrig. Der 7er-Rest von 3 ist 3. In der 3 ist nullmal die 7 enthalten, es bleiben 3 übrig.

Ermitteln Sie bitte einmal die 7er-Reste von 34, 18, 2, 11, 25, 43, 59, 63. Im Kapitel 11 finden Sie die Lösungen.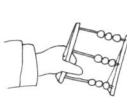

3. Das Ausgangsjahr für unsere Betrachtungen ist das Jahr 1900. Das habe ich einfach so festgelegt, als ich die Formel entwickelt habe. Der Anfang eines Jahrhunderts schien mir passend. Auch wenn das Ihrer Meinung nach nicht der Anfang ist, weil das Jahrhundert erst 1901 angefangen hat, so ist 1900 doch das einfachere Datum. Das Jahr 1900 war ein reguläres Jahr. Wir verwenden folgende Monatskennzifferntabelle für das Jahr 1900:

Januar: 1	Februar: 4	März: 4
April: 0	Mai: 2	Juni: 5
Juli: 0	August: 3	September: 6
Oktober: 1	November: 4	Dezember: 6

Falls Sie sich an dieser Stelle fragen: »Wie kommt der denn darauf?« oder: »Woher kommen denn diese Zahlen?«, haben Sie bitte noch etwas Geduld. Ich möchte Ihnen erst die Formel vorstellen und mit Ihnen ein bisschen rechnen. Danach erläutere ich, wie die Formel aufgebaut ist.

Wir halten fest, dass die Monatskennziffern wie die 7er-Reste auch Zahlen zwischen 0 und 6 sind. Damit ich die Monatskennziffern nicht vergesse, interpretiere ich immer ein Quartal, also drei aufeinanderfolgende Monatskennziffern, als dreistellige Dezimalzahl.

Aus den Zahlen von Januar bis März wird also die Zahl 144. Für das zweite Quartal haben wir die 025, also die 25, dann die 036, also 36, und schließlich die 146. Auch die vierte Reihe kann man sich leicht merken, es handelt sich um die Quadratzahl 144 addiert mit 2. In drei von vier Fällen sind diese dreistelligen Zahlen (auch mit 0 am Anfang) Quadratzahlen. Daher rührt auch die Zuordnung Samstag = 0, andernfalls wären die Zahlen – jedenfalls für mich – nicht so leicht zu erinnern gewesen. Ich habe die Formel also extra so entworfen, dass ich sie mir leicht merken kann.

Mit diesen Vereinbarungen kann man ganz einfach den Wochentag zu einem Datum ermitteln. Ich nehme z. B. mein Geburtsdatum, den 26. Mai 1966.

Sie brauchen nur fünf meist einstellige Zahlen zu addieren, wie Sie es in der Abbildung sehen, und aus der Summe den 7er-Rest zu ermitteln. Die Zahl, die Sie dann erhalten, sagt Ihnen, welcher Wochentag es war.

$$26. \text{ Mai} \quad 19\underset{\smile}{66}$$
$$\downarrow \quad \downarrow \quad \downarrow$$
$$7 - R \ (26 + 2 + (\overset{\frown}{5 + 6 + 1}))$$

Erste Zahl: Der Tag des Geburtsdatums, 26.

Zweite Zahl: Die Monatskennziffer. Für den Mai ist die Monatskennziffer die 2.

Dritte Zahl: Sie betrachten die letzten beiden Ziffern der Jahreszahl, 1966, und finden heraus, wie oft die 12 in der 66 enthalten ist. Offenbar fünfmal.

Vierte Zahl: Von 60 (= 5 * 12) bis 66 fehlen noch 6. Die 6 ist die vierte Zahl.

Fünfte Zahl: Jetzt müssen wir uns noch um die Schaltjahre kümmern. Wie häufig passt die 4 in die vierte Zahl (6)? Lösung: einmal. Die fünfte Zahl ist die 1.

Jetzt addieren wir die fünf Zahlen: $26 + 2 + 5 + 6 + 1 = 40$ und ermitteln aus 40 den 7er-Rest: Er beträgt 5. Nun können wir einfach nachschauen, was für ein Wochentag die 5 ist. Das ist ein Donnerstag.

Die Rechnung kann noch weiter vereinfacht werden, wenn Sie bei der 7er-Rest-Ermittlung Vielfache von 7 abziehen. Ganz wichtig: Das Abziehen von Vielfachen von 7 – auch die 7 selbst – ändert den 7er-Rest nicht, hat also keinen Einfluss auf das Ergebnis. Der Wochentag bleibt unverändert.

Wir können deshalb beim Tag des Geburtsdatums (1. Zahl) 21 (= 3 * 7) abziehen und haben als erste Zahl eine 5: 7er-Rest $(26 + 2 + 5 + 6 + 1)$ = 7er-Rest $(5 + 2 + 5 + 6 + 1)$. Mit 5 lässt sich leichter rechnen als mit 26.

Die zweite und dritte zu addierende Zahl ergibt 7. Weil auch 7 als Vielfaches von 7 verstanden wird, darf 7 abgezogen werden. Deshalb können wir die Summe der zweiten und dritten Zahl gleich null setzen: 7er-Rest (5 + 2 + 5 + 6 + 1) = 7er-Rest (5 + 0 + 6 + 1). Genauso kann mit der vierten und fünften Zahl verfahren werden: 7er-Rest (5 + 0 + 6 + 1) = 7er-Rest (5 + 0 + 0).

Wir erhalten insgesamt: 7er-Rest (26 + 2 + 5 + 6 + 1) = 7er-Rest (5 + 0 + 0) = 5.

Die einzige Zahl, bei der es sich wirklich lohnt, diese Vereinfachung vorzunehmen, ist der Tag des Datums (1. Zahl). Die anderen zu addierenden Zahlen sind meistens schon sehr klein.

Wir probieren ein weiteres Datum: 15. Juni 1979 = ?

Erste Zahl: 1 (weil der 7er-Rest von 15 1 ergibt).

Zweite Zahl: 5 (Monatskennziffer für Juni).

Dritte Zahl: 6 (79 enthält sechsmal die 12).

Vierte Zahl: 7 (Von 6 * 12 = 72 bis 79 fehlen 7).

Fünfte Zahl: 1 (In die 7 geht einmal die 4).

Zusammenfassung: 7er-Rest (1 + 5 + 6 + 7 + 1) = 7er-Rest (1 + 5) = 6 = Freitag. Also war der 15. Juni 1979 ein Freitag.

Jetzt will ich Ihnen erklären, was hinter der Formel steckt.

Zur ersten Zahl: Wenn der Tag um eins größer wird, ist auch der nächste Wochentag dran – da gibt es nicht viel zu verstehen.

Zur zweiten Zahl: Die Monatskennziffer für Januar ist das (kleinste positive) ? in der Gleichung 7er-Rest $(1 + ? + 0 + 0 + 0)$ = 2 = Montag, weil ich weiß, dass der 1. Januar 1900 ein Montag war. Es erschien mir logisch, mit dem 1. Tag eines Jahrhunderts zu beginnen. Wir brauchen einfach nur 2 – 1 zu rechnen, und schon haben wir für Januar die gewünschte Monatskennziffer. Vor diesem Hintergrund werden die Zahlen für die Wochentage verständlich: Monatskennziffern und Wochentagszahlen bedingen einander. Für die weiteren Monatskennziffern brauchen Sie nur die 7er-Reste der Anzahl der Tage des dazwischenliegenden Monats zu addieren, und schon sind Sie fertig. Der Januar hat 31 Tage. Der 7er-Rest von 31 ist 3. Deshalb ist die Monatskennziffer für Februar eine 4. Der Februar des Jahres 1900 hat 28 Tage. Der 7er-Rest von 28 ist 0. Deshalb ist die Monatskennziffer für den März eine 4. Der März hat 31 Tage. Der 7er-Rest von 31 ist 3. Deshalb ist die Monatskennziffer für den April eine 0 (4 + 3 und dann 7 abziehen) – und so weiter und so fort … Sie sehen, selbst wenn Ihnen eine Monatskennziffer entfallen ist, können Sie sie leicht rekonstruieren.

Zur dritten Zahl: Die Erklärung der 3. Zahl ist ein wenig komplexer: Die Idee meines Vorgehens für die Wochentagermittlung ist das Arbeiten mit Wochenresten oder mit 7er-Resten. Der Wochenrest eines normalen 365-Tage-Jahres ist ein Tag, weil 365 Tage 52 Wochen und einen Tag ausmachen. Der Wochenrest eines Schaltjahres, eines 366-Tage-Jahres, ist zwei Tage, weil 366 Tage 52 Wochen und zwei Tage ausmachen. Versuchen Sie jetzt mal einen 12-Jahre-Block zu betrachten. Dieser setzt sich aus drei Schaltjahren und neun normalen Jahren zusammen. Die Summe der Wochenreste dieses Zeitraumes ist 3 * 2 und 9 * 1 Tage, also 15 Tage. Wenn Sie von 15 Tagen den Wochen- bzw. 7er-Rest berechnen, kommen Sie auf einen Tag. Somit brauchen Sie für 12 Jahre jeweils nur einen Tag weiterzurechnen. Wenn der 1. Januar 1900 ein Montag war, muss der 1. Januar 1912 ein Dienstag sein. Die 3. Zahl entspricht der Anzahl der vollen 12-Jahre-Blöcke ab dem Ausgangsjahr 1900 und beschreibt einfach die Anzahl der Tage, die stellvertretend für die vollen 12-Jahre-Blöcke addiert werden müssen. Der Vorteil an dieser Überlegung ist, dass man zwölf Jahre wie einen Tag behandeln kann.

Stellen Sie sich einfach vor, Sie wären in einer Zeitmaschine, die in der Lage ist, große Zeiträume zu überwinden, und wollten zwölf Jahre in die Zukunft reisen, beispielsweise aus dem Jahr 2017 ins Jahr 2029. Mit meiner Formel wäre das nur ein Tag.

Zur vierten und fünften Zahl: Beide Zahlen beziehen sich auf den angebrochenen 12-Jahre-Block. Die vierte Zahl des vorherigen Beispiels, die 7, besagt, dass für die sieben Jahre jeweils noch ein Tag hinzugerechnet werden muss, als wären die sieben Jahre nur normale 365-Tage-Jahre gewesen. Die fünfte Zahl gibt die Anzahl der Schaltjahre innerhalb des angebrochenen 12-Jahre-Blocks an. In diesem Zeitraum war

1976 ein Schaltjahr, deshalb musste noch ein Tag addiert werden. Das Schaltjahr 1972 ist mit der dritten Zahl schon abgegolten worden, denn 1972 wird noch zum sechsten 12-Jahre-Block gezählt.

So weit die Hintergründe meiner Überlegungen. Nun müssen wir noch einmal kurz auf Schaltjahre zu sprechen kommen. Sehen wir uns als Beispiel den 14. Februar 1960 an.

Wir gewinnen folgende Zahlen:

    Erste Zahl = 0
    Zweite Zahl = 4
    Dritte Zahl = 5
    Vierte Zahl = 0
    Fünfte Zahl = 0

Wir finden den 7er-Rest (0 + 4 + 5 + 0 + 0) = 2 = Montag.

Dieses Ergebnis ist aber falsch! Und zwar weil 1960 ein Schaltjahr war und dieses Schaltjahr durch den fünften vollständigen 12-Jahre-Block schon berücksichtigt wurde. Da der 14. Februar aber vor dem Schalttag, dem 29. Februar, liegt, wird hier etwas berücksichtigt, was nicht berücksichtigt werden dürfte. Deshalb gilt folgende Regel: Wenn der Monat Januar oder Februar und das Jahr ein Schaltjahr ist – ein Schaltjahr ist im Prinzip alle vier Jahre –, dann muss am Schluss der üblichen Rechnung ein Tag abgezogen werden.

Damit wird aus Montag Sonntag, fertig! Der 14. Februar 1960 war ein Sonntag. Diese Ausnahmebedingung trifft ungefähr auf 4 Prozent aller Fälle zu.

Was war beispielsweise der 29. Februar 1984 für ein Tag? Wir rechnen 7er-Rest (1 + 4 + 7 + 0 + 0) = 7er-Rest (1 + 4) = 5 = Donnerstag. Achtung! Hier gilt die Ausnahmebedingung und deshalb war der 29. Februar 1984 ein Mittwoch.

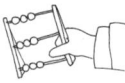 Versuchen Sie es mit den folgenden Daten:

2. Juli 1935

22. Oktober 1918

17. März 1987

25. August 1948

12. Februar 1968

28. April 1995

1. Februar 1959

Wie immer finden Sie die Lösungen in Kapitel 11.

Bisher haben wir uns mit unseren Wochentags-Berechnungen nur innerhalb des 20. Jahrhunderts bewegt. Jetzt verlassen wir dieses Jahrhundert und begeben uns auf eine Zeitreise sowohl in die Vergangenheit als auch in die Zukunft.

Betrachten wir das 21. Jahrhundert oder die Jahre 2000 bis 2099. Auf was für einen Wochentag wird der 21. Dezember 2017 fallen?

Sie rechnen in der gewohnten Weise den Wochentag für den 21. Dezember 1917 aus:

7er-Rest (0 + 6 + 1 + 5 + 1) = 7er Rest

(0 + 6 + 0) = 6 = Freitag.

Dann ziehen Sie einen Tag ab und kommen auf Donnerstag. Wir halten fest: 21. Jahrhundert = 20. Jahrhundert und einen Tag abziehen.

Für andere Jahrhunderte gilt:

17. Jahrhundert = 21. Jahrhundert = 20. Jahrhundert und einen Tag abziehen.

18. Jahrhundert = 22. Jahrhundert = 20. Jahrhundert und vier Tage addieren.

19. Jahrhundert = 23. Jahrhundert = 20. Jahrhundert und zwei Tage addieren.

24. Jahrhundert = 20. Jahrhundert.

Mit diesen Regeln wird ein 400-Jahre-Zyklus beschrieben. 400 Jahre sind 146 097 Tage oder genau 20 871 Wochen. Dabei wird der seit Oktober 1582 gültige Kalender zugrunde gelegt, nach dem Schaltjahre selten ausfallen. Ausfallen tun nur die, deren Jahreszahl ein Vielfaches von 100, aber kein Vielfaches von 400 ist. Beispielsweise war 1900 kein Schaltjahr. 2000 war hingegen ein Schaltjahr, weil 2000 ein Vielfaches von 400 ist. Durch diese Regelung gibt es in 400 Jahren nicht 100, sondern nur 97 Schaltjahre. Grund dafür sind astronomische Gegebenheiten, die mit der Rotation der Erde um sich selbst und den Bahndaten der Erde bei der Sonnenumrundung zusammenhängen. Damit keine Verwirrung entsteht: Machen Sie sich über die Schaltjahre bitte gar keine Gedanken, die werden in der Formel automatisch mit berücksichtigt.

Jetzt ein Beispiel: Auf was für einen Wochentag wird der 22. Februar 2212 fallen?

Sie rechnen in der gewohnten Weise den Wochentag für den 22. Februar 1912 aus:

> 7er-Rest (1 + 4 + 1 + 0 + 0) = 6 = Freitag. Ausnahme!
> Einen Tag abziehen = Donnerstag.

Am Schluss addieren Sie zwei Tage. Lösung: Samstag.

Auf was für einen Wochentag wird der 3. März 3337 fallen? Mit dieser Fragestellung verlassen wir unseren bisher betrachteten 400-Jahre-Zeitraum. Sobald dieser Zyklus einmal durchgelaufen ist, beginnt ein neuer Zyklus, in dem alles genauso ist. Wir haben also alle 400 Jahre den gleichen Kalender. Aus der Tatsache, dass der 31. Dezember 1999 ein Freitag war, können Sie folgern, dass der 31. Dezember 999 999 auch ein Freitag sein wird. Dafür brauchen Sie nur 2495 400-Jahres-Zyklen weiter zu rechnen.

Sie rechnen zunächst den Wochentag für den 3. März 1937 aus:

7er-Rest (3 + 4 + 3 + 1 + 0) = 4 = Mittwoch.

Am Schluss addieren Sie vier Tage. Lösung: Sonntag. Sie haben vom Jahr 3337 aus dreimal einen 400-Jahre-Zyklus zurückgerechnet und sind beim Jahr 2137 im 22. Jahrhundert angekommen.

Versuchen Sie die Wochentage zu folgenden Daten zu ermitteln:

17. November 2018
11. Januar 1887
29. September 1648
1. Februar 2268
30. Mai 2099
13. Juli 2567.

9. Schätzen

Wir schätzen täglich. Wir schätzen die Zeit, die wir brauchen, um mit der U-Bahn ins Büro oder mit dem Fahrrad zum Yoga zu kommen. Wir schätzen Entfernungen, Abmessungen, Mengen (Ist die Parklücke groß genug? Passt der Schrank wirklich in den Kofferraum? Wie viele Kartoffeln essen 8 Leute?), und viele von Ihnen werden ihre Einkäufe vielleicht nicht so genau zusammenrechnen, wie ich das tue, sondern ebenfalls schätzen. In (fast) jedem Haushalt werden Budgets aufgestellt und Ausgaben kalkuliert. Gut schätzen können ist eine Fähigkeit, die Sie im Alltag überall brauchen. Jemand, der gut schätzen kann, ist in der Regel der bessere Planer, hat ein besseres Zeitmanagement und erledigt mehr.

Sich zu *ver*schätzen kann dagegen unangenehme Folgen haben. Oft ist es so, dass man die Zeit oder die Kosten unterschätzt und seinen Fehler dann ausbaden muss. Mein Bruder und ich wollten einmal gemeinsam das Auto meiner Eltern waschen. Dafür sollten wir zusammen 5 Mark bekommen. Ich war damals zehn. Mein Bruder ist 2 Jahre und 16 Wochen älter als ich. Wir teilten uns die Arbeit auf, und ich schlug von mir aus vor, dass ich das Wasser herantragen wollte. Für jeden Eimer Wasser würde ich dafür einen Pfennig extra bekommen. Der Grund, warum ich mich so genau daran erinnere, ist, dass das eine katastrophale Fehleinschätzung war. Das Wasser musste in schweren 10-Liter-Eimern vom Keller erst die Treppe hinauf und dann zwanzig Meter zur

Garage getragen werden. Für jeden Gang brauchte ich mindestens drei Minuten. Ich hätte von vornherein viel mehr Geld verlangen müssen.

Man unterscheidet offene und geschlossene Schätzszenarien. Bei geschlossenen Schätzszenarien kennen Sie alle Einflussgrößen auf das Ergebnis, Sie wissen nur nicht, wie groß der Anteil der jeweiligen Einflussgröße ist. Bei offenen Schätzszenarien kennen Sie nicht einmal alle Einflussgrößen. Ein Beispiel für ein offenes Schätzszenario ist es, zu überlegen, wo der Dax zum Börsenschluss am 30. Juni 2020 stehen wird. Es gibt viele Einflussgrößen, z. B. Politik, Lobbygruppen oder Wirtschaftsklima. Aber welche genau werden im Jahre 2020 eine Rolle spielen, und welche wird den Ausschlag geben? Brummt die Wirtschaft, oder ist gerade eine Bank pleite gegangen? Oder tritt vielleicht ein Ereignis ein, das niemand vorhersehen konnte? Bei so viel Unsicherheit ist eine Schätzung beinahe aussichtslos. Der Dax kann genauso gut bei 12 345 Punkten stehen wie bei 1 234. Letzteres könnte beispielsweise passieren, wenn durch eine plötzliche Richtungsänderung des Golfstroms die Jahresmitteltemperaturen in Deutschland langfristig um rund 10 Grad Celsius niedriger ausfallen als bisher. Aber natürlich wissen wir nicht, ob eine solche Eiszeit überhaupt kommt. Und falls sie kommt, welche Folgen sie hätte. Selbst die Existenz des Golfstroms wird neuerdings in Frage gestellt.

Bei einem geschlossenen Schätzszenario könnten wir beispielsweise versuchen, den Anteil an Vollmilchpulver in einem 200-Gramm-Weihnachtsmann aus Schokolade herauszufinden. Hier sind alle Einflussfaktoren bekannt. Aus der in winziger Schrift aufgedruckten Zutatenliste lässt sich entnehmen, dass Zucker, Vollmilchpulver, Kakaobutter, Kakaomasse, Milchzucker, Süßmolkenpulver, Soja-Lecithine, natürlicher Vanilleextrakt und Spuren von Haselnüssen, außerdem Mandeln und Gluten enthalten sind. Nun muss man auch noch die Zutatenreihenfolgeregel kennen, die besagt: Je mehr von einer Zutat in dem Produkt enthalten ist, desto weiter vorne steht sie. Wir wissen, dass der Kakao-Anteil, bestehend aus Kakaobutter und Kakaomasse, mindestens 30 Prozent der Gesamtmasse ausmacht. Aufgrund der Zutatenreihenfolgeregel schließen wir, dass mindestens 15 Prozent der Gesamtmasse aus Vollmilchpulver besteht. Denn die zwei weiter hinten stehenden Zutaten machen mindestens 30 Prozent der Gesamtmasse aus. Weiterhin können wir nach derselben Regel schlussfolgern, dass der Vollmilchpulveranteil weniger als 35 Prozent der Gesamtmasse ausmachen muss. Das liegt daran, weil zum einen Zucker und Vollmilchpulver zusammen weniger als 70 Prozent der Gesamtmasse ausmachen und zum anderen mehr Zucker als Vollmilchpulver verwendet wurde. Weiter kommen wir mit unserer Schätzung in diesem Fall nicht. Aber immerhin wissen wir, dass zwischen 15 und 35 Prozent Vollmilchpulver verwendet wurden. Jetzt sind Sie als Gourmet gefragt. Vielleicht sind Sie in der Lage, das Vollmilchpulver herauszuschmecken und den entsprechenden Anteil zu schätzen. Oder Sie schauen sich andere Weihnachtsmänner an, die vielleicht vollständigere Angaben enthalten, und übertragen diese Zahlen dann auf Ihren Weihnachtsmann.

Wir konzentrieren uns jetzt ausschließlich auf geschlossene Schätzszenarien.

Ich bin im letzten Jahr umgezogen. Für das kleine Schlafzimmer in meiner neuen Wohnung wollte ich ein dunkles Laminat verwenden, das wie altes, mit Zahlen und Buchstaben beschriebenes Holz aussieht. Sie können sich vorstellen, wie ich darauf angesprungen bin, als ich diesen Bodenbelag entdeckt habe. Ich konnte kaum fassen, dass ich einen so unterhaltsamen Fußboden  bekommen würde. Während ich durch mein Schlafzimmer spazierte, so stellte ich es mir vor, könnte ich mit den Zahlen Berechnungen anstellen.

Mein Schlafzimmer ist 2,20 Meter breit und 3,20 Meter lang. Ein Quadratmeter des Laminats kostet 29,90 €. Wie hoch schätzen Sie die Materialkosten, wenn das ganze Schlafzimmer ausgelegt werden soll?

Stellen Sie sich vor, dass Sie für diese Schätzung keinen Taschenrechner und kein Handy mit Rechnerfunktion zur Verfügung haben. Sie sollen versuchen, ausschließlich mit Kopfrechnen herauszufinden, was das Laminat kostet. Wie würden Sie vorgehen?

Zunächst ist es sehr empfehlenswert, mit glatten Zahlen zu rechnen. So würde ich 29,90 € durch 30,00 € ersetzen. Mit 30 € lässt sich wesentlich leichter rechnen als mit 29,90 €. Der Unterschied zwischen 29,90 € und 30,00 € ist mit 10 Cent minimal. Und auf keinen Fall würden Sie mit der Zahl 30 die Materialkosten unterschätzen, denn 30,00 € ist mehr als 29,90 €.

Ein wenig schwieriger ist es, zu schätzen, wie viele Quadratmeter das Schlafzimmer groß ist. Hier müssen wir ein wenig mit den Zahlen 2,20 und 3,20 jonglieren. Eine Möglichkeit ist die, die Zahl 3,20 um 0,20 zu verkleinern und die andere um 0,20 zu erhöhen. Jetzt lassen sich die neuen Zahlen 3 und 2,4 leicht multiplizieren. Wir haben als Schätzwert 7,2 m² erhalten. Dies ist eine leichte Überschätzung der tatsächlichen Fläche und kann daher als Grundlage für eine Kostenschätzung dienen.

Für die Materialkostenberechnung brauchen Sie nur noch 7,2 mit 30 € zu multiplizieren. Damit wären wir bei 216 €. Hätten Sie die exakten Werte genutzt und mit Ihrem Taschenrechner gerechnet, wären Sie zu einem ähnlichen Ergebnis gelangt: 29,90 €/m² * 2,20 m * 3,20 m = 210,496 €. Ihre Schätzung ist ca. 5,50 € von der exakten Lösung entfernt.

Wir kommen jetzt zu einem etwas kniffligeren dreidimensionalen Schätzbeispiel. Wieder geht es um meinen Umzug. Ich hatte 60 Umzugskartons gekauft und gedacht, dass das ja eigentlich reichen sollte. So viel habe ich ja nicht, dachte ich. Daran können Sie sehen, dass auch für mich Schätzen nicht immer einfach ist. Denn plötzlich tauchten an den merkwürdigsten Stellen Dinge auf, an die ich mich nicht mal erinnern konnte, und trotzdem konnte ich mich nicht entschließen, sie alle wegzuschmeißen. Wie dem auch sei: Die 60 Kartons waren schnell voll. Und der ganze Bürokram war noch einzupacken. Unzählige mathematische Werke, ganze Jahrgänge von *Psychologie heute*, *report psychologie* oder *Spektrum der Wissenschaft*, Aktenordner mit Gutachten und Spiele, die ich benutze, wenn es um die Intelligenzmessung von Kindern geht. Es nahm kein Ende.

Schließlich ging es darum, den Inhalt zweier Aktenschränke (jeweils mit den Zentimeter-Maßen 220 * 80 * 60) zu verstauen. Der eine Aktenschrank ist zu 80, der andere zu 60 Prozent gefüllt. Es gibt keine sperrigen Gegenstände. Schätzen Sie, wie viele Umzugskartons mit den Zentimeter-Maßen 35 * 35 * 50 ich zum Sonderpreis von je 1,90 € im Baumarkt kaufen musste.

Wie gehen Sie vor? Können Sie sich das Einpacken so genau vorstellen, dass Sie schon wissen, wie viele Kartons ich brauchte? Dann gehören Sie zu dem glücklichen Personenkreis, der über eine sehr gute Intuition verfügt. Gehören Sie nicht dazu, ist es auch nicht schlimm, denn selbst diese Aufgabe lässt sich lösen.

Welche Fakten sind gegeben? Das Gesamtraumvolumen meiner beiden Aktenschränke beträgt 2 * 220 cm * 80 cm * 60 cm. Der genutzte Raum der Schränke beträgt im Mittel 70 Prozent. Um die Anzahl der benötigten Umzugskartons zu schätzen, schauen wir uns zunächst die Raummaße eines Umzugskartons an: 35 cm * 35 cm * 50 cm. Dann versuchen wir eine Gegenüberstellung der Zahlen:

$$2 * 220 * 80 * 60 * 0{,}7 = ? * 35 * 35 * 50.$$

Die 0,7 steht für die 70 Prozent und das »?« für die Anzahl der benötigten Kartons.

Mit der Gegenüberstellung der Zahlen haben wir eine Gleichung aufgestellt. Auf der linken Seite ist das ausgeschöpfte Volumen der beiden Aktenschränke festgehalten. Auf der rechten Seite ist das Volumen eines Umzugskartons vermerkt. Das »?« steht für die zu ermittelnde Zahl der Umzugskartons.

Eine Gleichung darf nach bestimmten Regeln, sogenannten Äquivalenzumformungen, verändert werden. Die Gleichungen $2x = 6$ und $x = 3$ sind beispielsweise äquivalent oder gleichwertig. Ich habe ausgehend von $2x = 6$ einfach beide Seiten der Gleichung durch 2 geteilt. Die Ausgangsgleichung $2x = 6$ habe ich nach x aufgelöst ($x = 3$). Ich habe dann einfach x isoliert, so dass es alleine auf einer Seite der Gleichung steht.

Genauso können Sie mit der Gleichung oben verfahren. Sie müssen das ? genauso wie das x einfach nur isolieren, indem Sie es alleine auf eine Seite der Gleichung bringen, dann haben Sie das Ergebnis. Bei unserer Gleichung haben wir allerdings mehr Zahlen und größere Zahlen als bei $2x = 6$. Es ist also etwas mehr Geschick nötig, um diese Gleichung schrittweise zu vereinfachen.

Probieren Sie es erst einmal selbst. Denken Sie daran, dass kompliziertes Rechnen vermieden werden soll. Es soll mit ganz einfachen Mitteln im Kopf geschätzt werden.

Ich würde mit der 0,7 beginnen und diese Zahl mental mit der 35 verbinden. Denn beide Zahlen können durch 7 geteilt werden. Sie erhalten 0,1 und 5. Dann multiplizieren Sie beide Zahlen mit 10 und bekommen 1 und 50. Die 1 kann nun auf der einen Seite wegfallen, da eine Multiplikation mit 1 das Ergebnis nicht verändert.

$$2 * 220 * 80 * 60 = ? * 35 * 50 * 50$$

Wir haben die Kartons »verlängert« und dafür die 0,7 entfernt.

Als Nächstes würde ich beide Seiten durch 100 teilen und damit jeweils zwei Nullen streichen:

$$2 * 220 * 8 * 6 = ? * 35 * 5 * 5$$

Ich will nun erneut beide Seiten der Gleichung durch 100 teilen. Leider geht das nicht. Denn $2 * 8 * 6 = 96$ ist ein bisschen weniger als 100. Aber ich tue so, als wäre $2 * 8 * 6 = 100$. Damit habe ich genaugenommen nur eine Schätzung vorgenommen. Ich will die Zahlen auf beiden Seiten der Gleichung irgendwie vereinfachen und nehme kleine Rechenfehler, sogenannte Schätzfehler, in Kauf. Dass ich hier eine Abweichung von gut 4 Prozent in mein Ergebnis einbaue, behalte ich im Hinterkopf. Auf der rechten Seite streiche ich die beiden Fünfen. $5 * 5 = 25$ ist ein Viertel von 100. Also muss ich die 35 noch durch 4 teilen, damit beide Seiten der Gleichung durch 100 geteilt worden sind. Nachdem wir auf beiden Seiten durch 100 geteilt haben, kommen wir auf:

$$220 \sim ? * \frac{35}{4}$$

Dann schätze ich den Wert $\frac{35}{4}$ ab und behaupte, dass er ungefähr 9 ausmacht.

$$220 \sim ? * 9$$
$$? \sim 25$$

Meine Schätzung ergibt, dass ich mit rund 25 Kartons und mit 50 € gut hinkommen werde. Die exakte Lösung liegt bei 24,14 Kartons. Ich habe natürlich ein paar Kartons extra gekauft, sozusagen als Reserve. Denn nicht alle Sachen lassen sich kompakt verstauen. Und manche Kartons füllt man lieber nicht ganz, weil sie sonst niemand mehr tragen kann.

Sie merken an diesem Beispiel, dass Schätzen eine Kunst ist. Sie müssen erst einmal erkennen, wie Sie mit geringem Aufwand die Zahlen in eine Formel oder Beziehung bringen und diese dann immer weiter vereinfachen. In diesem Beispiel habe ich die anderen Größen, also den Anteil des genutzten Raumvolumens der Aktenschränke und die Raummaße der Kartons, auch geschätzt. Außerdem müssen Sie sich darüber im Klaren sein, dass Schätzfehler die Schätzung verzerren können.

Die Höhe, Breite und Tiefe der Kartons habe ich mit der Handspanne (etwa 23 cm) geschätzt: Zweimal ziemlich genau anderthalb und einmal gut zwei Handspannen. Körpermaße verwende ich häufig, um Abstände oder die Länge eines Weges zu schätzen. Am Rhein, wo ich spazieren gehe, sind für die Schifffahrt Kilometermarker in Hundert-Meter-Abständen angebracht. Zwischen zwei solchen Steinen benötige ich etwa 140 bis 145 gemütliche Spazierschritte. Das ergibt pro Schritt etwa 70 cm oder 3 Handspannen.

Generell habe ich mir zur Angewohnheit gemacht, bei Schätzungen so weit wie möglich auf natürliche Ressourcen zurückzugreifen. Als ich für eine Wissenschaftssendung im Fernsehen die Steigung der unteren Treppe des Bonner Rathauses schätzen sollte, arbeitete ich ausschließlich mit Körpermaßen. Ich maß zunächst mit der Hand die Höhe der Stufen aus und zählte, wie viele Stufen es waren. Dann schätzte ich den Winkel. Für diese Schätzung habe ich ein paar trigonometrische Kennzahlen im Kopf, wie z.B., dass der Tangens von 45 Grad = 1 ist und der Tangens von 30 Grad ≈ 0,58. Mit diesen Kennzahlen extrapolierte ich die Steigungen und erhielt ein passables Schätzergebnis. Mein Schätzfehler war weniger als ein Grad.

Wie Sie merken, betreibe ich das Schätzen tatsächlich exzessiv. Ich bin geradezu süchtig danach. Vor allem macht es mir Spaß, die Zeit, die ich für eine Aufgabe brauche, vorher so abzuschätzen, dass alles auf die Sekunde klappt. Morgens koche ich gleich nach dem Aufstehen Kaffee, wie Sie wahrscheinlich auch. Manchmal ist vom Vortag noch welcher in der Kaffeemaschine. Ich gehöre zu den Leuten, die auch aufgewärmten Kaffee mögen, fülle also den übrig gebliebenen Kaffee in einen Becher und stelle ihn in die Mikrowelle. Nach genau 100 Sekunden ist der Kaffee heiß. Während dieser 100 Sekunden setze ich den neuen Kaffee für den Tag auf. Fülle Wasser für zehn Tassen in die Maschine, lege den Filter ein, löffle Kaffee hinein und bin mit allem genau dann fertig, wenn die Mikrowelle piept.

»Man muss es ja nicht übertreiben«, werden Sie sich vielleicht sagen, wenn Sie das lesen, aber auch wenn Sie ein »Otto-Normal-Schätzer« sind, werden Sie viele Anwendungsmöglichkeiten des Schätzens finden. Im Folgenden habe ich wieder ein paar Übungsaufgaben für Sie.

1. Schätzen Sie die Anzahl der Sekunden eines Jahres mit 365 Tagen. Versuchen Sie, die Schätzung so weit wie möglich im Kopf vorzunehmen. Ihr Ergebnis muss mindestens die Hälfte der exakten Lösung betragen, darf aber höchstens das Doppelte sein.

2. Ein Besen ist 1,30 Meter lang. Schätzen Sie die Anzahl der Besen, die Sie hintereinanderlegen müssen, um die Strecke von New York nach Los Angeles abzudecken.

3. Bis das Sonnenlicht bei der Erde ankommt, vergehen etwa 8 Minuten und 12 Sekunden. In dieser Zeit hat das Licht eine Strecke von circa 147,6 Millionen Kilometern zurückgelegt. Unsere Galaxis hat einen Durchmesser von 90 000 Lichtjahren. Ein Lichtjahr entspricht der Strecke, die das Licht innerhalb eines Jahres zurücklegt. Geben Sie diesen Durchmesser in Kilometern und in (mittleren) Erde-Sonne-Abständen an.

4. Ein Freund hat in den letzten 25 Jahren eine Packung Zigaretten pro Tag geraucht. Im Mittel hat er 3,00 € pro Packung ausgegeben. Wie viel Geld hat er in 25 Jahren für Zigaretten ausgegeben?

5. Die Chance im Lotto, 6 Richtige aus 49 anzukreuzen (6 Kreuze) und die richtige einstellige Superzahl anzugeben,

beträgt $\dfrac{1}{(10 * \text{»}49 \text{ über } 6\text{«})}$ oder $\dfrac{1 * 2 * 3 * 4 * 5 * 6}{49 * 48 * 47 * 46 * 45 * 44 * 10}$

Schätzen Sie, wie groß die Zahl ist. Es genügt, wenn Sie mit Kopfrechnen die richtige Größenordnung angeben können.

6. Der Äquator ist ca. 40 000 Kilometer lang. Schätzen Sie, wie viele Schritte Sie zurücklegen müssen, wenn Sie die Landanteile einer Äquatorumrundung (ca. 10 000 km) zu Fuß bewältigen wollen und ein Schritt 70 Zentimeter lang ist. Wie viele 1,10 Meter lange Schwimmzüge sind für die Seeanteile einer Äquatorumrundung (ca. 30 000 km) erforderlich?

10. Wurzeln

Endlich kommen wir zu meinem Lieblingsthema. Wurzeln sind meine große Leidenschaft. Seit ich acht Jahre alt war, haben mich die Wurzeln fasziniert. Sie müssen sich bitte vorstellen, dass ich mir, während ich hier schreibe, zwischendurch immer wieder die Hände reibe, vor Begeisterung und Vorfreude darauf, dass wir nun endlich da angekommen sind, wo ich am liebsten bin. Wurzeln bieten immer wieder Herausforderungen. Man kann mit ihnen neue Wege gehen, elegante Vereinfachungen suchen und ein bisschen tricksen, um ans Ziel zu gelangen. Wurzeln machen mehr Spaß als Rechenarten, die eher mechanisch angewendet werden.

Wurzeln sind auch das Gebiet, auf dem ich die meisten meiner Weltrekorde aufgestellt habe. Mein erster Weltrekord überhaupt war die 137. Wurzel aus einer 1 000-stelligen Zahl, die ich in 13,30 Sekunden zog. Das war während einer Untersuchung meiner mathematischen Fähigkeiten im Psychologischen Institut der Universität Bonn. Einen anderen Weltrekord habe ich 2004 im Mathematikum in Gießen in Anwesenheit des Leiters Prof. Dr. Albrecht Beutelspacher aufgestellt. Hier musste ich vor Zuschauern die 13. Wurzel aus einer 100-stelligen Zahl ziehen. Die 13. Wurzel zu ziehen heißt, die Zahl zu finden, deren 13. Potenz die vorgegebene 100-stellige Zahl ergibt. Das gelang mir in 11,80 Sekunden, und ich konnte mich dann noch einmal auf 11,46 Sekunden verbessern. Dabei hängte ich auch die Leute ab, die die Aufgabe auf dem Computer rechnen wollten. Das lag nicht daran, dass der Computer nicht schnell rechnen konnte, sondern die Bediener schafften es einfach nicht, die Aufgabe schnell genug einzutippen.

Wenn ich von meinem Steckenpferd erzähle, löst das immer wieder Verwunderung aus. Die merkwürdigste Situation ergab sich während meines Studiums, als eine Kommilitonin mir erzählte, dass man mit Statistenrollen beim Theater Geld verdienen könne. Das machst du auch, sagte ich mir und wollte mich beim Künstlerdienst der Stadt Köln registrieren lassen. Als ich bei der Vorstellung im Amt meine Leidenschaft für das Wurzelziehen erwähnte, schnellten die Augenbrauen der Sachbearbeiterin in die Höhe, und sie musterte mich lange und kritisch. »Schau einer an«, wiederholte sie mehrmals, als wäre das das Komischste, was ihr jemals untergekommen wäre. Dann machte sie zu meiner Verwunderung eine Bemerkung darüber, dass auch das Theaterspielen ganz schön anstrengend sein könne. Erst Jahre später wurde dieses Missverständnis aufgeklärt. Die Frau kam nämlich vom Land und hatte in ihrer Kindheit bei der Rübenernte mitgeholfen. Sie hatte tatsächlich gedacht, mein Hobby wäre es, mich landwirtschaftlich zu betätigen.

Wir beginnen mit den aufgehenden Quadratwurzeln aus Zahlen bis 10 000. Eine Quadratwurzel, deren positive Lösung ganzzahlig ist, heißt aufgehend. Beispiele dafür sind $\sqrt{4} = 2$, $\sqrt{9} = 3$ oder $\sqrt{16} = 4$, Wurzeln mit ganzzahligen Lösungen. Es wird also stets die positive Grundzahl gesucht, die mit sich selbst malgenommen die Ausgangszahl ergibt, eben die Zahl, die unter dem Wurzelzeichen »$\sqrt{}$« steht. Die Zahlen 4, 9, 16 usw. werden Quadratzahlen genannt, weil sie Quadrate ganzer Zahlen darstellen.

$\sqrt{4} = 2$, weil $2 * 2 = 4$
$\sqrt{9} = 3$, weil $3 * 3 = 9$
$\sqrt{16} = 4$, weil $4 * 4 = 16$.

Probieren Sie selbst: Was ist die Wurzel aus 49 oder die Wurzel aus 64?

$\sqrt{49} = ?$ und $\sqrt{64} = ?$

Aufgehende Wurzeln aus Zahlen bis 100 sind besonders einfach, weil die Lösungen zwischen 0 und 10 liegen.
Insbesondere haben wir $\sqrt{0} = 0$ und $\sqrt{100} = 10$.
Hier noch einmal die Quadratzahlen der Zahlen bis 10:

$0 = 0 * 0$	$36 = 6 * 6$
$1 = 1 * 1$	$49 = 7 * 7$
$4 = 2 * 2$	$64 = 8 * 8$
$9 = 3 * 3$	$81 = 9 * 9$
$16 = 4 * 4$	$100 = 10 * 10$
$25 = 5 * 5$	

Ein bisschen anspruchsvoller sind aufgehende Wurzeln, die im Zahlenraum zwischen 100 und 10 000 liegen. Wichtig zu wissen ist, dass hier die Lösungen immer zweistellig sind. Denn wir haben $\sqrt{100} = 10$ und $\sqrt{10\,000} = 100$. Mit anderen Worten, die Lösung ist mindestens 10 und maximal 100.
Schauen wir uns ein Beispiel an: $\sqrt{2\,601} = ?$
Wir wollen wissen, welche zweistellige Zahl mit sich selbst multipliziert oder quadriert wurde.

Wir gehen in drei Schritten vor:

Schritt 1   Bestimmung der Zehnerstelle der Lösung.

• Kürzung der Aufgabenzahl. Wir streichen die beiden letzten Stellen der Aufgabenzahl und erhalten die Kurz-Aufgabenzahl. Aus 2 601 wird 26.

• Inspektion der Kurz-Aufgabenzahl (26). Nun geht es darum, die größte Quadratzahl zu finden, die kleiner als oder gleich groß wie die Kurz-Aufgabenzahl ist. Sie betrachten die Quadratzahlen 1, 4, 9, 16, 25 … und sehen, dass die 25 die größte Quadratzahl ist, die kleiner ist als 26.

   25 < 26

• Notieren der Zehnerstelle der Lösung. Weil $5 * 5 = 25$ ergibt und 25 die größte Quadratzahl ist, die kleiner ist als 26, ist 5 die Zehnerstelle der Lösung.

   $5 * 5 = 25 < 26$ → Zehnerstelle der Lösung = 5

Sie haben das Zwischenergebnis: $\sqrt{2\,601} = 5$?

Schritt 2   Ermitteln der Einerstellenkandidaten der Lösung.

• Inspektion der letzten Ziffer der Aufgabenzahl. Sie stellen fest, dass die Aufgabenzahl 2 601 auf 1 endet. Wir arbeiten mit der 1 weiter.

• Welche Quadratzahlen von einstelligen Zahlen enden auf 1? Sie gehen oben die Liste der Quadratzahlen durch (die Sie vielleicht auch auswendig kennen) und finden heraus, dass $1 * 1 = 1$ aber auch $9 * 9 = 81$ auf 1 enden.

• Feststellen der Einerstellenkandidaten. Nur die 1 und die 9 kommen als Einerstelle der Lösung in Frage. Entweder gilt $\sqrt{2\,601} = 51$, oder es gilt $\sqrt{2\,601} = 59$.

Schritt 3   Den richtigen Einerstellenkandidaten ermitteln.

• Bilden des unteren Zehnerquadrats. Mit dem unteren

Zehnerquadrat ist hier das Quadrat der Zahl 50 gemeint. Wir rechnen: 5 * 5 und hängen die beiden Nullen an das Ergebnis an: 50 * 50 = 2 500.

• Bilden des oberen Zehnerquadrats. Mit dem oberen Zehnerquadrat ist hier das Quadrat der Zahl 60 gemeint. Wir rechnen 6 * 6 und hängen die beiden Nullen an das Ergebnis an: 60 * 60 = 3 600.

• Den richtigen Kandidaten finden. Die Regel lautet, dass Sie den größeren Kandidaten nehmen, wenn die Aufgabenzahl näher dem oberen Zehnerquadrat ist, aber den kleineren Kandidaten, wenn die Aufgabenzahl näher dem unteren Zehnerquadrat ist. 2 601 ist deutlich näher am unteren Zehnerquadrat 2 500, deshalb nehmen Sie hier den kleineren Kandidaten. Also die 1. Sie sehen, dass der Unterschied etwa 100 Einheiten ausmacht. Der Unterschied zwischen 2 601 und 3 600 macht rund 1 000 Einheiten aus.

Damit haben Sie die Lösung gefunden: $\sqrt{2\,601} = 51$

Schauen wir uns ein weiteres Beispiel an: $\sqrt{3\,844} = ?$

Wieder wollen wir wissen, welche zweistellige Zahl mit sich selbst multipliziert oder quadriert wurde. Wir gehen genauso vor wie eben.

Schritt 1 Bestimmen der Zehnerstelle der Lösung.

• Kürzen der Aufgabenzahl. Wir streichen die beiden letzten Stellen der Aufgabenzahl und erhalten die Kurz-Aufgabenzahl. Aus 3 844 wird 38, indem wir 44 streichen.

Aufgabenzahl = 3 844 und Kurz-Aufgabenzahl = 38.

• Inspektion der Kurz-Aufgabenzahl (38). Finden Sie die größte Quadratzahl, die kleiner als oder gleich groß wie die Kurz-Aufgabenzahl ist. Sie betrachten die Quadratzahlen 1,

4, 9, 16, 25, 36 ... und stellen fest, dass 36 die größte Quadratzahl ist, die kleiner ist als 38.

Sie schreiben $36 < 38$

- Notieren der Zehnerstelle der Lösung. Weil $6 * 6 = 36$ ergibt und 36 die größte Quadratzahl ist, die kleiner ist als 38, ist 6 die Zehnerstelle der Lösung.

$6 * 6 = 36 < 38 \rightarrow$ Zehnerstelle der Lösung $= 6$
Sie haben das Zwischenergebnis: $\sqrt{3\,844} = 6$?

Schritt 2 Ermitteln der Einerstellenkandidaten der Lösung.

- Inspektion der letzten Ziffer der Aufgabenzahl. Wir stellen fest, dass die Aufgabenzahl 3 844 auf 4 endet. Wir arbeiten also mit der 4 weiter.
- Welche Quadratzahlen von einstelligen Zahlen enden auf 4? Wir gehen die Liste der Quadratzahlen durch und sehen, dass $2 * 2 = 4$, aber auch $8 * 8 = 64$ auf »4« enden.
- Feststellen der Einerstellenkandidaten. Nur die 2 und die 8 können als Einerstelle der Lösung in Frage kommen. Wir halten fest: Entweder gilt $\sqrt{3\,844} = 62$, oder es gilt $\sqrt{3\,844} = 68$.

Schritt 3 Den richtigen Einerstellenkandidaten herauspicken.

- Bilden des unteren Zehnerquadrats. Mit dem unteren Zehnerquadrat ist hier das Quadrat der Zahl 60 gemeint. Wir rechnen $6 * 6$ und hängen die beiden Nullen an das Ergebnis an: $60 * 60 = 3\,600$.
- Bilden des oberen Zehnerquadrats. Mit dem oberen Zehnerquadrat ist hier das Quadrat der Zahl 70 gemeint. Wir rechnen einfach: $70 * 70 = 4\,900$.
- Den richtigen Kandidaten finden. Wieder gilt die Regel, dass Sie den größeren Kandidaten nehmen, wenn die Aufgabenzahl näher dem oberen Zehnerquadrat ist, jedoch den

kleineren Kandidaten, wenn die Aufgabenzahl näher am unteren Zehnerquadrat ist.

Da 3 844 deutlich näher am unteren Zehnerquadrat 3 600 als an 4 900 ist, nehmen Sie den kleineren Kandidaten. In diesem Beispiel die 2. Sie sehen, dass der Unterschied etwa 250 Einheiten ausmacht. Der Unterschied zwischen 3 844 und 4 900 macht dagegen gut 1 000 Einheiten aus.
Damit haben Sie die Lösung gefunden: $\sqrt{3\,844} = 62$

Probieren wir als drittes Beispiel die Aufgabe $\sqrt{784} = ?$
Schritt 1 Bestimmen der Zehnerstelle der Lösung.
• Kürzen der Aufgabenzahl. Aufgabenzahl = 784 und Kurz-Aufgabenzahl = 7. Auch hier haben wir die letzten zwei Stellen von 784 gestrichen.
• Inspektion der Kurz-Aufgabenzahl (7). Hier geht es wieder darum, die größte Quadratzahl zu finden, die kleiner als oder gleich groß wie die Kurz-Aufgabenzahl ist.
    Sie schreiben $4 < 7$
• Notieren der Zehnerstelle der Lösung
    $2 * 2 = 4 < 7 \rightarrow$ Zehnerstelle der Lösung = 2
Das Zwischenergebnis ist $\sqrt{784} = 2?$

Schritt 2 Ermitteln der Einerstellenkandidaten der Lösung.
• Inspektion der letzten Ziffer der Aufgabenzahl. Die Aufgabenzahl 784 endet auf 4, weshalb wir mit der 4 weiterarbeiten.
• Welche Quadratzahlen von einstelligen Zahlen enden auf 4? Wie Sie schon gesehen haben, enden $2 * 2 = 4$ und $8 * 8 = 64$ auf 4.

- Feststellen der Einerstellenkandidaten.

Nur die 2 und die 8 kommen als Einerstelle der Lösung in Frage. Wir halten fest: Entweder gilt $\sqrt{784} = 22$, oder es gilt $\sqrt{784} = 28$.

Schritt 3   Den richtigen Einerstellenkandidaten herauspicken.

- Bildung des unteren Zehnerquadrats. Mit dem unteren Zehnerquadrat ist hier das Quadrat der Zahl 20 gemeint. Wir rechnen: $20 * 20 = 400$.

- Bildung des oberen Zehnerquadrats. Mit dem oberen Zehnerquadrat ist hier das Quadrat der Zahl 30 gemeint. Wir rechnen: $30 * 30 = 900$.

- Den richtigen Kandidaten finden. Die Regel kennen Sie inzwischen schon, ich wiederhole sie hier trotzdem noch einmal: Sie nehmen den größeren Kandidaten, wenn die Aufgabenzahl näher am oberen Zehnerquadrat ist, und den kleineren Kandidaten, wenn die Aufgabenzahl näher am unteren Zehnerquadrat ist. Weil 784 näher an 900 ist als an 400, nehmen wir den größeren Kandidaten. In diesem Beispiel die 8.

Damit haben wir die Lösung gefunden. $\sqrt{784} = 28$

Hier noch einige Regeln, die das Rechnen vereinfachen:

Endet die Aufgabenzahl auf 1, können die Einerstellenkandidaten nur 1 oder 9 sein. $1 * 1 = 1$ und $9 * 9 = 81$

Endet die Aufgabenzahl auf 4, können die Einerstellenkandidaten nur 2 oder 8 sein. $2 * 2 = 4$ und $8 * 8 = 64$

Endet die Aufgabenzahl auf 6, können die Einerstellenkandidaten nur 4 oder 6 sein. $4 * 4 = 16$ und $6 * 6 = 36$

Endet die Aufgabenzahl auf 9, können die Einerstellenkandidaten nur 3 oder 7 sein. $3 * 3 = 9$ und $7 * 7 = 49$

Endet die Aufgabenzahl auf 0, gibt es nur einen Einerstellenkandidaten, nämlich die 0. 0 * 0 = 0
Endet die Aufgabenzahl auf 5, gibt es nur einen Einerstellenkandidaten, nämlich die 5. 5 * 5 = 25

Ich fasse zusammen: Wenn die Aufgabenzahl auf 1, 4, 6 oder
9 endet, ist die Summe der Einerstellenkandidaten immer 10
(1 + 9 = 10; 2 + 8 = 10; 3 + 7 = 10 und 4 + 6 = 10). Deshalb
kann man ruhig auch einen Kandidaten vergessen, weil man
ja nur die Differenz zu 10 bilden muss. Wenn die Aufgabenzahl auf 6 endet und mir nur 6 * 6 = 36 einfällt, dann finde
ich den anderen Kandidaten ganz leicht, indem ich 6 + ? = 10
auflöse. Also muss anstelle des ? eine 4 stehen.

Schritt 3 ist umso schwieriger zu berechnen, je näher die
Einerstellenkandidaten beieinanderliegen. Der schwierigste
Fall ist 4 und 6, der einfachste 1 und 9.

Beispiel: $\sqrt{676}$ = ?
Mit Schritt 1 erhalten wir 2 * 2 = 4 < 6 → Zehnerstelle der
Lösung = 2 oder $\sqrt{676}$ = 2?
Mit Schritt 2 erhalten wir aufgrund der Einerstelle 6 die
Lösungskandidaten $\sqrt{676}$ = 24 oder 26.
Gemäß Schritt 3 haben wir 400 als unteres und 900 als obe-
res Zehnerquadrat. 676 ist näher bei 900 als bei 400, deshalb
ist der größere Einerstellenkandidat zu wählen.

Sie sehen, dass das nicht so leicht zu erkennen ist wie in
unserem ersten Beispiel. Dort konnte man auf den ersten
Blick erkennen, dass 2 601 näher bei 2 500 liegt als bei 3 600.
Bei der 676 muss man schon etwas länger hinschauen.

Wenn Sie sich im Abstandschätzen unsicher fühlen, dann könnten Sie stattdessen eine kleine Berechnung vornehmen. Sie können in diesem Fall einfach eine zweistellige Zahl mit Endung 5 quadrieren. Zahlen mit der Endung 5 lassen sich leicht quadrieren.

Was ergibt 25 * 25? Sie multiplizieren die Zehnerstelle, die 2, mit dem Nachfolger der 2, also die 3, und erhalten 2 * 3 = 6. Danach kleben Sie an das Ergebnis ganz einfach eine 25 an. So wird aus 6 durch Anhängen der 25 die 625.

Jetzt können Sie die Aufgabenzahl, hier die 676, mit 625 = 25 * 25 vergleichen. Sie sehen, dass 676 größer ist als 25 * 25 = 625, deshalb kann nur die 26 und nicht die 24 richtig sein.

Genauso lässt sich leicht 45 * 45 oder 85 * 85 berechnen.
Bei 45 * 45 kleben Sie an die 4 * 5 = 20 einfach eine 25 → 2 025
Bei 85 * 85 kleben Sie an die 8 * 9 = 72 eine 25 → 7 225
Wenn die Aufgabenzahl auf 5 endet, müssen nur die Schritte 1 und 2 berechnet werden, weil es anstelle von zwei nur einen Einerstellenkandidaten gibt.

Beispiel: $\sqrt{1\,225} = ?$
Mit Schritt 1 erhalten wir 3 * 3 = 9 < 12 → Zehnerstelle der Lösung = 3 oder $\sqrt{1\,225} = 3$?
Mit Schritt 2 erhalten wir aufgrund der Einerstelle 5 direkt die korrekte Lösung $\sqrt{1\,225} = 35$

Wenn die Aufgabenzahl auf 0 endet, muss lediglich Schritt 1 berechnet werden, weil an die gefundene Zehnerstelle nur die 0 angehängt werden muss.

Beispiel: $\sqrt{8\,100} = ?$

Mit Schritt 1 erhalten wir $9 * 9 = 81 = 81 \rightarrow$ Zehnerstelle der Lösung $= 9$ oder $\sqrt{8\,100} = 9$? Weil $81 = 81$ im ersten Schritt gilt, brauchen Sie hinter der Zehnerstelle einfach nur eine 0 zu schreiben.

Zum Schluss möchte ich Sie einladen, ein paar Aufgaben selbst zu versuchen. Mit ein wenig Routine werden Sie feststellen, dass diese leicht im Kopf zu berechnen sind, weil nur wenig Gedächtnisaufwand benötigt wird.

$\sqrt{484} = ?$	$\sqrt{121} = ?$	$\sqrt{729} = ?$
$\sqrt{676} = ?$	$\sqrt{1\,681} = ?$	$\sqrt{2\,401} = ?$
$\sqrt{4\,489} = ?$	$\sqrt{9\,025} = ?$	$\sqrt{4\,900} = ?$
$\sqrt{3\,969} = ?$	$\sqrt{5\,776} = ?$	$\sqrt{7\,056} = ?$
$\sqrt{9\,604} = ?$	$\sqrt{1\,444} = ?$	

Jetzt wenden wir uns den aufgehenden Quadratwurzeln im Zahlenraum von $10\,000$ bis $1\,000\,000$ zu. Alle aufgehenden Wurzeln in diesem Zahlenraum haben eine dreistellige Lösung. Die kleinste Lösung ist 100, weil $100 * 100 = 10\,000$ ist, und die größte Lösung muss $1\,000$ sein, weil $1\,000 * 1\,000 = 1\,000\,000$ ist. Daher sind von der Ausnahme $1\,000$ abgesehen alle Lösungen dreistellig. Wie lassen sich diese drei Stellen, die Hunderter-, Zehner- und Einerstelle also finden? Die Ermittlung der Hunderterstelle erfolgt so, wie wir bisher die Zehnerstelle ermittelt haben. Das Ermitteln der Einerstelle ist identisch mit der Einerstellenermittlung von oben. Neu hinzu kommt die Zehnerstelle. Dieser Anteil der Lösungsermittlung ist am schwierigsten, weil mehr Aspekte berücksichtigt werden müssen.

Wir wollen ein Beispiel durchrechnen: $\sqrt{100\,489} = ?$

Schritt 1 Die Ermittlung der Hunderterstelle.

• Kürzung der Aufgabenzahl. Wir streichen die vier letzten Stellen der Aufgabenzahl und erhalten die Kurz-Aufgabenzahl. Aus 100 489 wird 10, indem 0489 gestrichen wird.

Aufgabenzahl = 100 489 und Kurz-Aufgabenzahl = 10

• Inspektion der Kurz-Aufgabenzahl (10). Wieder geht es darum, die größte Quadratzahl, die kleiner als oder gleich groß wie die Kurz-Aufgabenzahl ist, zu finden. Wir betrachten die Quadratzahlen 1, 4, 9, … und stellen fest, dass die Quadratzahl 9 die größte Quadratzahl ist, die kleiner ist als 10.

Wir schreiben 9 < 10

• Notieren der Hunderterstelle der Lösung. Weil $3 * 3 = 9$ und 9 die größte Quadratzahl ist, die kleiner ist als 10, ist 3 die Hunderterstelle der Lösung.

$3 * 3 = 9 < 10 \rightarrow$ Hunderterstelle der Lösung = 3

Das Zwischenergebnis lautet $\sqrt{100\,489} = 3??$

Schritt 2 Ermitteln der Einerstellenkandidaten der Lösung.

• Inspektion der letzten Ziffer der Aufgabenzahl. Da die Aufgabenzahl 100 489 auf 9 endet, arbeiten wir mit der 9 weiter.

• Welche Quadratzahlen von einstelligen Zahlen enden auf 9? Laut unserer Liste der Quadratzahlen ist $3 * 3 = 9$ aber auch $7 * 7 = 49$.

• Feststellen der Einerstellenkandidaten. Nur die 3 und die 7 können als Einerstelle der Lösung in Frage kommen.

Wir halten fest: Entweder gilt $\sqrt{100\,489} = 3?3$, oder es gilt $\sqrt{100\,489} = 3?7$.

Ziehen wir eine Zwischenbilanz: Für die Einerstelle gibt es zwei Möglichkeiten, nur die Zehnerstelle ist noch unbekannt. Aus zwanzig möglichen Lösungen müssen wir nun die richtige herausfinden. In Frage kommen 303, 307, 313, 317, 323, 327, 333, 337, 343, 347, 353, 357, 363, 367, 373, 377, 383, 387, 393 und 397. Hier ist jetzt ein bisschen Kreativität gefragt. Es gibt mehrere Möglichkeiten, wie man vorgehen kann.

Schritt 3   Die folgende Methode hat den Vorteil, dass auf einen Schlag zehn mögliche Kandidaten verworfen werden können.

• Ausrechnen von $350 * 350$. Was ergibt $350 * 350$? Sie multiplizieren die Hunderterstelle, die 3, mit dem Nachfolger der 3, also der 4, und erhalten $3 * 4 = 12$. Danach hängen Sie an das Ergebnis ganz einfach eine 2500 an. So wird aus 12 durch Anhängen der 2500 die 122500. Und das ist auch schon die Lösung von $350 * 350$.

• Vergleich von $350 * 350$ mit der Aufgabenzahl. Sie vergleichen die Aufgabenzahl 100489 mit $122500 = 350 * 350$ und stellen fest, dass 100489 kleiner ist als $350 * 350 = 122500$. Also ist die Lösung der Aufgabe $\sqrt{100489}$ kleiner als 350. Deshalb können wir alle Lösungskandidaten zwischen 353 und 397 rausschmeißen. Jetzt kommen nur noch die Lösungen 303, 307, 313, 317, 323, 327, 333, 337, 343 und 347 in Frage.

Hier folgt eine weitere Methode (Schritt 4):
• Inspektion der letzten beiden Stellen der Aufgabenzahl. Die letzten beiden Stellen der Aufgabenzahl lauten 89.
• Finden Sie eine Quadratzahl, die auf 89 endet.

Wichtig ist hier, dass Sie nur die Quadrate der Zahlen von 3, 7, 13, 17 und 23 betrachten müssen, weil es genügt, nur die Zahlen unter 25 anzuschauen. Danach wiederholen sich alle Endungen. Anders gesagt, Sie müssen unter den Zahlen 3, 7, 13, 17 und 23 diejenige Zahl finden, deren Quadrat auf 89 endet. Mit der Fingermathematik können Sie auf einfache Art die Quadrate der Zahlen bis 25 ermitteln (vgl. Kapitel 6). $3 * 3 = 09$ und $7 * 7 = 49$ sind leicht zu finden und enden nicht auf 89. Jetzt bleiben nur noch 13, 17 und 23 übrig. Mit Hilfe der Fingermathematik finden wir heraus, dass $13 * 13 = 169$ ist, also auf 69 endet. Also scheidet 13 auch aus. Jetzt kommen nur noch 17 und 23 in Frage. Mit $17 * 17 = 289$ sind Sie schon am Ziel, weil $23 * 23 = 529$ nicht auf 89 endet.

Unter den fünf Kandidaten 3, 7, 13, 17 und 23 erfüllt nur der Kandidat 17 die Voraussetzung, dass das dazugehörige Quadrat auf 89 endet.

	89	
33	17
67	83

Nach der sogenannten Quadrantenregel gibt es nur vier zweistellige Zahlen, deren Quadrate auf 89 enden. Diese sind 17, 33, 67 und 83. Die 17 haben wir oben »zu Fuß« herausgefunden. Die anderen drei Zahlen lassen sich so bestimmen: Die zweite, indem Sie das ? in der Gleichung $17 + ? = 50$ berechnen. $50 - 17 = 33$. Die dritte, indem Sie $17 + 50 = 67$ rechnen, und die letzte und vierte, indem Sie das ? in der Gleichung $17 + ? = 100$ ermitteln. $100 - 17 = 83$.

Weil die Lösung kleiner ist als 350, kommen jetzt nur noch die Lösungen 317 und 333 in Frage. Denn 367 und 383 sind zu groß.

Schritt 5 Entscheidung für den richtigen Kandidaten: Ist 317 oder 333 richtig?

• Bilden des unteren Bezugsquadrats. Mit dem unteren Bezugsquadrat ist hier das Quadrat der Zahl 300 gemeint. Die Bezugsquadrate legen Sie selbst fest, so wie es für die Lösung der Aufgabe am günstigsten ist. Wir rechnen hier einfach $300 * 300 = 90\,000$.

• Bilden des oberen Bezugsquadrats. Mit dem oberen Bezugsquadrat ist hier das schon berechnete Quadrat der Zahl 350 gemeint. Wir haben $350 * 350 = 122\,500$ gefunden.

• Den richtigen Kandidaten finden. Die Aufgabenzahl $100\,489$ ist nur um gut 10 000 größer als $90\,000 = 300 * 300$. Sie ist aber um mehr als 20 000 kleiner als das Quadrat von 350 ($= 122\,500$). Aus diesem Grund ist der kleinere Lösungskandidat eindeutig die bessere Wahl.

Damit ist die Lösung gefunden, nämlich $\sqrt{100\,489} = 317$.

Jetzt möchte ich noch eine Strategie erläutern, mit der Sie einige der Schritte leichter rechnen können.

Unser Ausgangspunkt ist ein beliebiges Hunderterquadrat:

a00 * a00

Für a können Sie sich eine beliebige Zahl zwischen 1 und 9 vorstellen. Die Berechnung von a00 * a00 erfolgt durch die Multiplikation von a * a, dann werden an das Ergebnis einfach vier Nullen drangehängt.

Am Beispiel 300 * 300 kann man das leicht nachvollziehen: Zuerst rechnet man 3 * 3 = 9, dann werden vier Nullen angehängt.

Wir schreiben: 3 * 3 = 9 ← 0000 → 300 * 300 = 90 000

Besonders einfach lassen sich auch die Quadrate der Zahlen 325, 350 und 375 bilden.

Fangen wir mit 325 * 325 an.

- Ermittlung des unteren Bezugsquadrats. Sie rechnen zunächst 300 * 300 aus und erhalten das Ergebnis 90 000.

- Erste Addition. Zu 90 000 addieren Sie das Fünfzigfache (2 * 25) von 300. Denn 325 * 325 ist ungefähr genauso groß wie 300 * 350, und 50 * 300 fehlen uns noch.

90 000 + 50 * 300.

Der Summand 50 * 300 kann vereinfacht werden, indem ich einen Faktor mit 10 malnehme und den anderen durch 10 teile. Statt 50 * 300 darf ich auch 5 * 3 000 schreiben.

90 000 + 50 * 300 = 90 000 + 5 * 3 000.

Das Fünffache von 3 000 ist leichter zu berechnen als das Fünfzigfache von 300. Das Fünffache von 3 000 ist 15 000. Wir addieren 15 000 zu 90 000 und schreiben:

90 000 + 50 * 300 = 90 000 + 5 * 3 000 =
90 000 + 15 000 = 105 000

- Zweite Addition. Zum Zwischenergebnis 105.000 brauchen Sie nur noch 625 (25 * 25) zu addieren.

105 000 + 625 = 105 625

Diese Addition war einfach, weil wir vorher nur mit Tausendern gerechnet haben. Eigentlich ist es so, als hätte ich an die 105 einfach die 625 angehängt.

Das Ergebnis ist das Quadrat der Zahl 325. Wir haben also:

$$325 * 325 = 105\,625$$

Warum dieser ganze Aufwand? Es geht darum, den Unterschritt 5 des Aufgabenbeispiels $\sqrt{100\,489}$ zu vereinfachen. Die Entscheidung, ob 317 oder 333 richtig ist, kann durch einen einfachen Zahlenvergleich getroffen werden. 100 489 ist kleiner als 105 625. Weil 105 625 = 325 * 325 ist, kann die Lösung 333 nicht mehr in Frage kommen. Deshalb ist die Lösung 317 richtig.

Um die Zahl 325 zu quadrieren, haben wir zunächst nur in Tausender-Einheiten gerechnet. 300 * 300 = 90 Tausender-Einheiten, dann addieren wir 5 * 3 = 15 Tausender-Einheiten und landen bei 105 Tausender-Einheiten. Zum Schluss hängen wir die 625 an und sind fertig.

Diese Erkenntnis lässt sich auf jede Zahl des Typs a25 anwenden. Allgemein gilt die Formel:

a25 * a25 = a * a * 10 + 5 * a Tausender-Einheiten und 625 anhängen.

Hierbei nutzen wir die Tatsache, dass ein Hunderterquadrat von a00 stets a * a * 10 Tausender besitzt. Für 300 * 300 haben wir dann 3 * 3 * 10 = 90 Tausender-Einheiten, wie schon oben berechnet.

Probieren Sie die obige Formel einmal selbst aus und berechnen Sie 425 * 425.

Sie schreiben, indem Sie a = 4 setzen:

425 * 425 = 4 * 4 * 10 + 5 * 4 Tausender-Einheiten

und 625 anhängen.

Sie haben 4 * 4 * 10 = 160 und addieren 5 * 4, also 20, dazu und haben insgesamt 180 Tausender-Einheiten. Dann hängen Sie die 625 an und erhalten 180625. Schon haben Sie die schwierig erscheinende Aufgabe 425 * 425 ausgerechnet.

Weil wir Aufgaben des Typs a50 * a50 schon besprochen haben, schreibe ich hier nur die Formel auf. Hier müssen Sie wie folgt rechnen.

a50 * a50 = a * a + a und 2500 anhängen, was das Gleiche ist wie:

a50 * a50 = a * (a + 1) und 2500 anhängen.

Das Beispiel 350 * 350 hatten wir schon ausführlich gerechnet. Hier ist es noch einmal auf die neue Weise:

350 * 350 = 3 * (3 + 1) und 2500 anhängen. Wir haben:

350 * 350 = 12 und 2500 anhängen, ergibt 122500.

Nun bleibt nur noch der Fall a75 * a75 übrig.

Wir betrachten dafür das Beispiel 375 * 375.

• Ermitteln des oberen Bezugsquadrats, weil es leichter ist, von oben auf 375 herunterzurechnen, als von 300 auf 375 herauf. Sie berechnen zunächst 400 * 400, das Ergebnis ist 160000. Sie rechnen dann 4 * 4 = 16 und hängen vier Nullen an die 16.

• Subtraktion. Von 160000 subtrahieren Sie das Fünfzigfache (2 * 25) von 400.

160 000 – 50 * 400

Den Subtrahend 50 * 400 kann ich vereinfachen, indem ich einen Faktor mit 10 malnehme und den anderen durch 10 teile: Statt 50 * 400 darf ich wieder 5 * 4000 schreiben.

Wir haben also: 160 000 – 50 * 400 =

160 000 – 5 * 4000

Das Fünffache von 4000 ist leichter zu berechnen als das Fünfzigfache von 400. Das Fünffache von 4000 ist 20 000. Wir subtrahieren 20 000 von 160 000 und schreiben:

160 000 – 50 * 400 = 160 000 – 5 * 4000 =

160 000 – 20 000 = 140 000

• Addition. Zum Zwischenergebnis 140 000 brauchen Sie nur noch 625 zu addieren.

140 000 + 625 = 140 625

Diese Addition war einfach, weil wir nur mit Tausendern gerechnet haben. Eigentlich ist es so, als hätte ich an die 140 einfach 625 angehängt.

Das Ergebnis ist das Quadrat der Zahl 375. Wir haben also:

375 * 375 = 140 625

Fassen wir zusammen: Um die Zahl 375 zu quadrieren, rechnen Sie zunächst nur in Tausender-Einheiten. Sie haben durch 400 * 400 zunächst 160 Tausender-Einheiten, dann subtrahieren Sie 5 * 4 = 20 Tausender-Einheiten und landen bei 140 Tausender-Einheiten. Zum Schluss hängen Sie noch die 625 an.

Diese Erkenntnis lässt sich für jede Zahl des Typs a75 auf folgende Weise verallgemeinern:

a75 ∗ a75 = (a + 1) ∗ (a + 1) ∗ 10 − 5 ∗ (a + 1) Tausender-Einheiten und 625 anhängen.

Hierbei habe ich die Tatsache genutzt, dass wir mit dem oberen Bezugsquadrat oder Hunderterquadrat rechnen mussten. Deshalb steht anstelle von a immer a + 1. Alles andere ist gleich geblieben, nur dass jetzt eine Subtraktion vorgenommen werden muss.

Berechnen wir jetzt einmal 475 ∗ 475 nach dieser Formel.
Sie schreiben, indem Sie a = 4 setzen:

475 ∗ 475 = (4 + 1) ∗ (4 + 1) ∗ 10 − 5 ∗ (4 + 1) Tausender-Einheiten und 625 anhängen.

Sie haben (4 + 1) ∗ (4 + 1) ∗ 10 = 5 ∗ 5 ∗ 10 = 250 und subtrahieren 5 ∗ 5, also 25, und haben insgesamt 225 Tausender-Einheiten. Dann hängen Sie die 625 an und erhalten 225 625. Schon haben Sie 475 ∗ 475 ausgerechnet.

Mit diesen speziellen Kenntnissen können Sie leicht aufgehende Quadratwurzeln bis 1 000 000 berechnen. Wenn Sie außerdem die Quadrate der Zahlen bis 25 abrufbereit haben, brauchen Sie beim Wurzelziehen fast gar nicht zu rechnen.

Probieren wir eine weitere Quadratwurzel: $\sqrt{318096}$ = ?

Schritt 1   Ermitteln der Hunderterstelle.
• Kürzen der Aufgabenzahl. Wir streichen die vier letzten Stellen und erhalten die Kurz-Aufgabenzahl. Aufgabenzahl = 318 096 und Kurz-Aufgabenzahl = 31
• Inspektion der Kurz-Aufgabenzahl (31). Hier müssen wir wieder die größte Quadratzahl finden, die kleiner als oder gleich groß wie die Kurz-Aufgabenzahl ist. Sie betrachten die

Quadratzahlen 1, 4, 9, 16, 25 … und stellen fest, dass die Quadratzahl 25 die größte Quadratzahl ist, die kleiner ist als 31.

$25 < 31$

- Notieren der Hunderterstelle der Lösung. Weil $5 * 5 = 25$ ergibt und 25 die größte Quadratzahl ist, die kleiner ist als 31, ist 5 die Hunderterstelle der Lösung.

$5 * 5 = 25 < 31 \rightarrow$ Hunderterstelle der Lösung = 5

Sie haben das Zwischenergebnis $\sqrt{318096} = 5??$

Schritt 2   Ermitteln der Einerstellenkandidaten der Lösung.
- Inspektion der letzten Ziffer der Aufgabenzahl. Sie stellen fest, dass die Aufgabenzahl 318096 auf 6 endet. Wir arbeiten mit der 6 weiter.
- Welche Quadratzahlen von einstelligen Zahlen enden auf 6? Sie gehen die Liste der Quadratzahlen durch und finden heraus, dass $4 * 4 = 16$, aber auch $6 * 6 = 36$ auf 6 enden.
- Feststellen der Einerstellenkandidaten. Nur die 4 und die 6 können als Einerstelle der Lösung in Frage kommen.

Wir halten fest: Entweder gilt $\sqrt{318096} = 5?4$, oder es gilt $\sqrt{318096} = 5?6$.

Lassen Sie uns eine Zwischenbilanz ziehen. Nach den Schritten 1 und 2 haben wir uns der richtigen Lösung recht weit genähert. Nur die Zehnerstelle ist noch unbekannt. Für die Einerstelle gibt es wieder einmal zwei Möglichkeiten.

Schritt 3   Den richtigen Kandidaten finden. Es gibt 20 mögliche Lösungen. Welche ist die richtige? In Frage kommen 504, 506, 514, 516, 524, 526, 534, 536, 544, 546, 554, 556, 564, 566, 574, 576, 584, 586, 594 und 596.

Hier geht es jetzt wieder darum, ein bisschen zu tüfteln. Ich würde folgendermaßen vorgehen:

• Was ergibt 550 * 550? Sie multiplizieren die Hunderterstelle, die 5, mit dem Nachfolger der 5, also der 6, und erhalten 5 * 6 = 30. Danach kleben Sie an das Ergebnis eine 2 500 an, denn es handelt sich um eine Aufgabe des Typs a50 * a50, über die wir schon gesprochen haben. Somit wird aus 30 durch Anhängen der 2 500 die 302 500. Und das ist die Lösung von 550 * 550.

• Vergleich von 550 * 550 und Aufgabenzahl. Sie sehen, dass 318 096 größer ist als 550 * 550 = 302 500, deshalb muss auch die Lösung der Aufgabe $\sqrt{318\,096}$ größer sein als 550. Das hat zur Folge, dass wir alle Lösungskandidaten von 504 bis 546 rausschmeißen können. Jetzt kommen nur noch die Lösungen 554, 556, 564, 566, 574, 576, 584, 586, 594 und 596 in Frage.

Schritt 4 Eingrenzung der Lösungskandidaten.

• Inspektion der letzten beiden Stellen der Aufgabenzahl. Sie lauten 96.

• Finden Sie eine Quadratzahl, die auf 96 endet. Wichtig ist hier, dass Sie nur die Quadrate der Zahlen mit Endung 4 und 6 betrachten müssen, die zugleich kleiner sind als 25. Mit anderen Worten, Sie müssen unter den Zahlen 4, 6, 14, 16 und 24 diejenige finden, deren Quadrat auf 96 endet.

4 * 4 = 16 und 6 * 6 = 36 sind einfach zu ermitteln und enden nicht auf 96. Es bleiben noch 14, 16 und 24 übrig. Mit Hilfe der Fingermathematik errechnen wir, dass 14 * 14 = 196 ist, also auf 96 endet. Damit haben wir die richtige Zahl gefunden. Die Quadrate von 16 und 24 enden nicht auf 96 (16 * 16

= 256 und 24 * 24 = 576) und scheiden daher aus. Von den
fünf Kandidaten 4, 6, 14, 16 und 24 erfüllt nur der Kandidat
14 die Voraussetzung, dass das dazugehörige Quadrat auf 96
endet.

	96	
36	14
64	86

Nach der Quadrantenregel gibt es nur vier zweistellige Zahlen, deren Quadrate auf 96 enden. Und zwar 14, 36, 64 und
86. Die 14 haben wir »zu Fuß« ermittelt, die anderen drei lassen sich folgendermaßen bestimmen. Zum einen, indem Sie
das ? in der Gleichung 14 + ? = 50 herausfinden. 50 – 14 = 36.
Dann, indem Sie 14 + 50 = 64 rechnen, und die letzte Zahl
ergibt sich aus der Gleichung 14 + ? = 100. 100 – 14 = 86.
Weil die Lösung größer ist als 550, kommen jetzt nur noch
die Kandidaten 564 und 586 in Frage. 514 und 536 sind zu
klein, wie wir oben gesehen haben.

Schritt 5   Entscheidung für den richtigen Kandidaten. Ist 564
oder 586 richtig?
- Wir wenden die Formel an:
    a75 * a75 = (a + 1) * (a + 1) * 10 – 5 * (a + 1) Tausen-
    der-Einheiten und 625 anhängen.
Wir rechnen mit a = 5 und erhalten 6 * 6 * 10 = 360 Tausender-Einheiten. Dann ziehen wir 5 * 6 = 30 Tausender-Einheiten ab und erhalten 330 Tausender-Einheiten. Zum Schluss
hängen wir an die Zahl 330 die 625 an und sind fertig. Wir
haben insgesamt: 575 * 575 = 330 625.

- Den richtigen Kandidaten finden. Wir vergleichen die Aufgabenzahl 318096 mit dem Quadrat von 575. 575 ∗ 575 = 330625 ist größer als 318096, weshalb die Lösung kleiner als 575 sein muss. 586 scheidet aus, und 564 ist unsere Lösung. $\sqrt{318096} = 564$.

Man kann gut erkennen, dass die Zahl 318096 deutlich näher bei 302500 = 550 ∗ 550 ist als bei 360000 = 600 ∗ 600. Vor diesem Hintergrund kann die Lösung nur noch 564 und nicht 586 sein. Die 575 ∗ 575-Rechnung ist eine ganz sichere Methode, wenn man bei den Abstandsschätzungen nicht so sicher ist.

Und noch eine Aufgabe! Diesmal rechnen wir ein bisschen schneller. Was ist die aufgehende Quadratwurzel aus 44521?

Schritt 1 Ermitteln der Hunderterstelle der Lösung.
Wir haben Kurz-Aufgabenzahl = 4.

$2 ∗ 2 = 4 \leq 4 \rightarrow$ Hunderterstelle der Lösung = 2.
Sie haben das Zwischenergebnis: $\sqrt{44521} = 2??$

Schritt 2 Ermitteln der Einerstellenkandidaten der Lösung.
Weil die Aufgabenzahl auf 1 endet, kommen als Kandidaten für die Einerstelle nur die 1 und die 9 in Frage. Denn es gilt 1 ∗ 1 = 1 und 9 ∗ 9 = 81.
Unser Zwischenergebnis: $\sqrt{44521} = 2?1$ oder $\sqrt{44521} = 2?9$

Schritt 3 Finden Sie eine Quadratzahl, die auf 21 endet, und notieren Sie die Lösungskandidaten. Wichtig ist hier, dass Sie nur die Quadrate der Zahlen mit der Endung 1 und 9, die zugleich kleiner sind als 25, betrachten müssen. Sie müssen also unter den Zahlen 1, 9, 11, 19 und 21 diejenige Zahl finden, deren Quadrat auf 21 endet. Nur 11 $*$ 11 = 121 erfüllt diese Bedingung. 1 $*$ 1 = 01 und 9 $*$ 9 = 81 enden nicht auf 21. Genauso wenig 19 $*$ 19 = 361 und 21 $*$ 21 = 441. Unter den fünf Kandidaten 1, 9, 11, 19 und 21 erfüllt nur der Kandidat 11 die Voraussetzung, dass das dazugehörige Quadrat auf 21 endet.

	21
39	11
61	89

Gemäß Quadranten-Regel enden auch die Quadrate der Zahlen 50 – 11, 50 + 11 und 100 – 11 auf 21. Das sind die Zahlen 39, 61 und 89. Somit kommen für $\sqrt{44\,521}$ nur noch die Lösungen 211, 239, 261 und 289 in Frage.

Schritt 4 Auswählen des richtigen Kandidaten. Weil die Aufgabenzahl nur ein wenig größer ist als 40 000 = 200 $*$ 200, probiere ich für die Kandidatenfindung direkt die a25-Formel, indem ich a = 2 setze.
225 $*$ 225 = 2 $*$ 2 $*$ 10 + 5 $*$ 2 Tausender-Einheiten und 625 anhängen. 2 $*$ 2 $*$ 10 ergibt 40, und 5 $*$ 2 ergibt 10. Damit haben wir 50 Tausender-Einheiten. Wir sehen, ohne die 625 anhängen zu müssen, dass die Aufgabenzahl 44 521 weniger als 50 Tausender hat. Deshalb muss die Lösung kleiner sein als 225. Also kann nur der Kandidat 211 richtig sein. Wir haben die Lösung $\sqrt{44\,521}$ = 211 gefunden.

Und jetzt noch ein allerletztes Beispiel. Wir ermitteln die aufgehende Quadratwurzel aus 456 976. Alle diejenigen, die jetzt stöhnen und sich fragen, wozu ich das noch einmal vorrechne, bitte ich, die Aufgabe selbst zu lösen und ihr Ergebnis dann mit meinem zu vergleichen.

$\sqrt{456\,976} = ?$

Schritt 1 Ermitteln der Hunderterstelle der Lösung. Wir haben Kurz-Aufgabenzahl = 45. Wir schreiben: $6 * 6 = 36 < 45$ $\rightarrow$ Hunderterstelle der Lösung = 6. Sie haben das Zwischenergebnis: $\sqrt{456\,976} = 6??$

Schritt 2 Ermitteln der Einerstellenkandidaten der Lösung. Weil die Aufgabenzahl auf 6 endet, kommen als Kandidaten nur die 4 und die 6 in Frage. Denn es gilt $4 * 4 = 16$ und $6 * 6 = 36$. Unser Zwischenergebnis ist: $\sqrt{456\,976} = 6?4$ oder $\sqrt{456\,976} = 6?6$.

Schritt 3 Eine Quadratzahl finden, die auf 76 endet, und die Lösungskandidaten festlegen. Wichtig ist wie immer, dass Sie nur die Quadrate der Zahlen mit der Endung 4 und 6, die zugleich kleiner sind als 25, betrachten. Also unter den Zahlen 4, 6, 14, 16 und 24 diejenige finden, deren Quadrat auf 76 endet. Nur $24 * 24 = 576$ erfüllt diese Bedingung. $4 * 4 = 16$ und $6 * 6 = 36$ enden nicht auf 76. Genauso wenig $14 * 14 = 196$ und $16 * 16 = 256$. Von den fünf Kandidaten 4, 6, 14, 16 und 24 erfüllt nur die 24 die Voraussetzung, dass das dazugehörige Quadrat auf 76 endet.

	76	
26		24
74		76

Nun können wir wieder die Quadranten-Regel anwenden, die besagt, dass auch die Quadrate der Zahlen 50 – 24, 50 + 24 und 100 – 24 auf 76 enden. Das sind die Zahlen 26, 74 und 76. Für $\sqrt{456\,976}$ kommen also nur noch die Lösungen 624, 626, 674 und 676 in Frage.

Schritt 4   Den richtigen Kandidaten finden. Weil die Aufgabenzahl 456 976 (ca. 457 000) rund 33 000 kleiner als 490 000 = 700 ∗ 700 und rund 97 000 größer ist als 360 000 = 600 ∗ 600, probiere ich für die Kandidatenfindung direkt die a75-Formel, indem ich a = 6 setze.

675 ∗ 675 = (6 + 1) ∗ (6 + 1) ∗ 10 – 5 ∗ (6 + 1) Tausender-Einheiten und 625 anhängen.

7 ∗ 7 ∗ 10 ergibt 490, weniger 5 ∗ 7 ergibt 455 Tausender-Einheiten. Hängen wir die 625 an, erhalten wir 675 ∗ 675 = 455 625. Wir sehen, ohne die 625 anhängen zu müssen, dass die Aufgabenzahl 456 976 mehr als 455 Tausender hat. Deshalb muss die Lösung größer sein als 675. Daher kann nur der Kandidat 676 richtig sein.

Wir haben die Lösung $\sqrt{456\,976}$ = 676 gefunden.

Aus der Lösung können Sie erneut die aufgehende Quadratwurzel ziehen. (Zehnerstelle = 2, Einerstelle = 4 oder 6, Test: 25 ∗ 25 = 2 ∗ 3 und Endung 25 ankleben, macht 625. Mit 625 < 676 ist 26 richtig.)

Auf diese Weise haben wir nicht nur die Quadratwurzel aus 456 976 gezogen, sondern sogar die aufgehende vierte Wurzel. Denn:

26 ∗ 26 ∗ 26 ∗ 26 = 456 976

Zum Schluss will ich noch auf einen Spezialfall eingehen, nämlich auf die Endung 5. Endet die Aufgabenzahl auf 5, muss die Einerstelle der Lösungszahl ebenfalls eine 5 sein. Das ist also besonders einfach.

Beispiel: $\sqrt{81\,225} = ?$
Mit der Kurz-Aufgabenzahl = 8 ergibt sich die 2 als Hunderterstelle der Lösung: $2 * 2 = 4 < 8$
Somit haben wir als Zwischenlösung: $\sqrt{81\,225} = 2?5$
Wie ermitteln wir die Zehnerstelle der Lösung? Hier müssen wir die letzten drei Ziffern der Aufgabenzahl anschauen. In unserem Beispiel die 225.
Welche Zahl mit der Endung 5 und kleiner als 25 hat als Quadrat die Endung 225? Nur die Zahlen 5 und 15 kommen in Frage. Weil $5 * 5 = 025$ ist, kann nur die 15 richtig sein $(15 * 15 = 225)$.

225	
35	15
65	85

Die anderen drei Quadrantenwerte sind dann $50 - 15$, $50 + 15$ und $100 - 15$. Also 35, 65 und 85. Es gibt also vier Lösungskandidaten: 215, 235, 265 und 285.
Weil 81225 recht nahe bei $90\,000 = 300 * 300$ liegt, empfehle ich, direkt mit der Formal a75 zu rechnen: Wir setzen a = 2 und haben:

$275 * 275 = (2 + 1) * (2 + 1) * 10 - 5 * (2 + 1)$ Tausender-Einheiten und 625 anhängen.

$3 * 3 * 10$ ergibt 90, weniger $5 * 3$ ergibt 75 Tausender-Einheiten. Hängen wir die 625 an, erhalten wir $275 * 275 =$

75 625. Wir sehen, ohne die 625 anhängen zu müssen, dass die Aufgabenzahl 81.225 mehr als 75 Tausender hat. Deshalb muss die Lösung größer sein als 275. Daher kann nur der Kandidat 285 richtig sein.

Wir haben die Lösung $\sqrt{81\,225} = 285$ gefunden.

Ein weiterer Spezialfall ist die Aufgabenzahl-Endung 025, denn für diesen Fall müssen wir immer die letzten drei Stellen der Aufgabenzahl betrachten.

025	
45	5
55	95

Nach der Quadrantenregel ergeben sich folgende Möglichkeiten für die letzten beiden Stellen der Lösungszahl: 5, 50 – 5, 50 + 5 und 100 – 5. Die letzten beiden Stellen der Lösung können also nur 05, 45, 55 oder 95 sein.

Probieren Sie es mal mit der Aufgabe $\sqrt{93\,025} = ?$

Die Lösung kann wegen 300 * 300 = 90 000 nur geringfügig größer sein als 300.

Endet die Aufgabenzahl auf 625, können nur 25 und 75 die beiden letzten Stellen der Lösung sein. Die Lösung lässt sich sofort aus der a25- oder der a75-Formel ablesen.

Und nun probieren Sie es mit der Aufgabe $\sqrt{275\,625} = ?$

Offenbar können nur 525 oder 575 richtig sein. Sie sehen bestimmt, welche von beiden Möglichkeiten richtig ist.

Außer 025, 225 und 625 gibt es keine anderen dreistelligen Quadratendungen mit der Einerstelle 5.

Und jetzt sollten Sie selbst versuchen, ein paar Wurzeln auszurechnen. Weil ich die Rechenschritte in aller Ausführlichkeit dargestellt habe, damit Sie sie besser nachvollziehen können, wirkt die Vorgehensweise etwas langwierig. Aber wenn Sie das Prinzip einmal verstanden haben, geht es wesentlich schneller und unkomplizierter, als Sie vielleicht denken. Deswegen hilft es, mehrere Aufgaben hintereinander zu lösen.

$$\sqrt{20736} = ? \qquad \sqrt{22801} = ? \qquad \sqrt{186624} = ?$$
$$\sqrt{92416} = ? \qquad \sqrt{288369} = ? \qquad \sqrt{312481} = ?$$
$$\sqrt{494209} = ? \qquad \sqrt{633616} = ? \qquad \sqrt{801025} = ?$$
$$\sqrt{968256} = ?$$

Ich habe nicht aufgehende Wurzeln in diesem Kapitel bewusst ausgeklammert, weil sie deutlich schwieriger sind als aufgehende. Zum Abschluss des Kapitels möchte ich mit Ihnen noch etwas rechnen, das nicht schwierig, aber dafür sehr eindrucksvoll ist und sich gut vor Publikum vorführen lässt. Der Witz ist, dass Sie gar nicht wirklich rechnen müssen. Wir wollen einige Kubikwurzeln oder aufgehende dritte Wurzeln ziehen. Sie denken jetzt vielleicht, dass die dritten Wurzeln schwieriger sein müssen als die Quadratwurzeln. Sofern die Wurzeln aufgehend sind, ist das aber nicht der Fall, im Gegenteil.

Als Erstes schauen wir uns dazu die dritten Potenzen einstelliger Zahlen an.

$1 * 1 * 1 = 1$ $2 * 2 * 2 = 8$ $3 * 3 * 3 = 27$
$4 * 4 * 4 = 64$ $5 * 5 * 5 = 125$ $6 * 6 * 6 = 216$
$7 * 7 * 7 = 343$ $8 * 8 * 8 = 512$ $9 * 9 * 9 = 729$

Was fällt Ihnen auf? Versuchen Sie alles, was Sie beobachten, festzuhalten. Betrachten Sie speziell die letzten Ziffern der dritten Potenzen, beispielsweise die 9 von 729 oder die 3 von 343. Finden Sie einen Zusammenhang zwischen dieser letzten Ziffer und der einstelligen Basiszahl? Möglicherweise sagen Sie sich, dass die Basiszahl und die letzte Ziffer der Potenz einige Male übereinstimmen, manchmal aber auch nicht.

Hierfür gibt es aber eine Regel. Die letzte Ziffer der dritten Potenz entspricht stets der Basiszahl, mit folgenden Ausnahmen: 2 und 8 werden vertauscht, denn $2 * 2 * 2 = 8$ und $8 * 8 * 8 = 512$. Das Gleiche gilt für 3 und 7, denn $3 * 3 * 3 = 27$ und $7 * 7 * 7 = 343$. Mit anderen Worten brauchen Sie bei den Aufgabenzahl-Endungen 2, 3, 7 und 8 stets nur die Differenz zu 10 zu bilden, um die Basiszahl zu erhalten.
Jetzt kommt der Clou. Dieser Zusammenhang gilt für beliebig große Basiszahlen und Aufgabenzahlen: Ein Beispiel ist $338 * 338 * 338 = 38\,614\,472$, ein weiteres $2\,133 * 2\,133 * 2\,133 = 9\,704\,486\,637$. Genauso gilt $999 * 999 * 999 = 997\,002\,999$ oder $466 * 466 * 466 = 101\,194\,696$.

Bei aufgehenden Kubikwurzeln kann man die Einerstelle also ermitteln, ohne groß zu rechnen. Es genügt vollkommen, entweder die letzte Ziffer der Aufgabenzahl abzuschreiben, wenn die Endung 0, 1, 4, 5, 6 oder 9 ist. Oder die Differenz zu 10 zu bilden, wenn die Endung 2, 3, 7 oder 8 ist.

Konzentrieren wir uns auf vier- bis sechsstellige Aufgabenzahlen.

$\sqrt[3]{117\,649} = ?$

Einerstelle der Lösung: Hier müssen wir die 9 nur abschreiben.

Was steht vor der 9? Wir wissen, dass die Lösung zweistellig sein muss, weil $10 * 10 * 10 = 1\,000$. Das ist kleiner als 117 649, und $100 * 100 * 100 = 1\,000\,000$ ist zu groß. Die Lösung liegt deshalb zwischen 10 und 100. Wir brauchen also nur noch die Zehnerstelle der Lösung zu finden. Wir gehen so vor:

1. Zunächst streichen Sie von der Aufgabenzahl einfach die letzten drei Stellen. Im Beispiel haben wir die Kurz-Aufgabenzahl 117.

2. Mit der Kurz-Aufgabenzahl wenden wir die »Aufzugstechnik« an. Diesen schönen Begriff verdanke ich meinem Freund Bernhard Wolff.

Wir gehen im Geiste die dritten Potenzen der einstelligen Basiszahlen durch (1, 8, 27, 64, 125, …) und fahren mit Hilfe unserer Vorstellungskraft mit dem Aufzug Stockwerk für Stockwerk nach oben. Sie können einfach auf die Liste weiter oben schauen. Wir halten den Aufzug an, sobald die Kurz-Aufgabenzahl erreicht oder überschritten ist. In unserem Vorstellungsfilm assoziieren wir mit dem ersten Stockwerk die 1, mit dem zweiten die 8, mit dem dritten die 27, mit dem vierten die 64 usw. Schließlich landen wir im fünften Stock, der mit der Zahl 125 verknüpft ist.

Wir sehen, dass 125 größer ist als 117 und dass für unser Beispiel die fünfte Etage etwas zu hoch ist. Aus diesem Grunde haben wir als Zehnerstelle die 4, und die Lösung lautet 49. Die Lösung der Zehnerstelle ist die höchste Etage, deren dritte Potenz kleiner als die oder gleich der Kurz-Aufgabenzahl ist. In unserem Beispiel handelt es sich um die vierte Etage.

Wir probieren ein weiteres Beispiel: $\sqrt[3]{9\,261} = ?$
Einerstelle der Lösung: Einfach die 1 abschreiben.
Zehnerstelle der Lösung: Bilden Sie die Kurz-Aufgabenzahl, indem Sie die letzten drei Stellen der Aufgabenzahl streichen. Sie erhalten die Kurz-Aufgabenzahl 9. Der Aufzug hält auf der zweiten Etage (2 ∗ 2 ∗ 2 = 8), weil die dritte Etage schon zu hoch ist. Denn 3 ∗ 3 ∗ 3 = 27 ist zu groß. Die Lösung lautet daher 21.

Noch ein Beispiel: $\sqrt[3]{373\,248} = ?$
Einerstelle der Lösung: Die Aufgabenzahl endet auf 8. Deshalb muss die Differenz zu 10 gebildet werden, was 2 ergibt.
Zehnerstelle der Lösung: Bilden Sie die Kurz-Aufgabenzahl, indem Sie die letzten drei Stellen der Aufgabenzahl streichen. Sie erhalten 373. Der Aufzug hält auf der siebten Etage (7 ∗ 7 ∗ 7 = 343), weil die achte Etage schon zu hoch ist. 8 ∗ 8 ∗ 8 = 512 ist zu groß. Die Lösung lautet daher 72.

Sie sehen selbst, dass wir bei dieser Aufgabenstellung gar nicht rechnen mussten. Die einzige Herausforderung ist das

Memorieren der dritten Potenzen der Basiszahlen. Hier können Sie Ihrer Phantasie freien Lauf lassen und sich geeignete Assoziationen ausdenken. Bei der Zahl 343 stelle ich mir zum Beispiel das olympische Siegertreppchen vor. Platz 1 ist höher als die Plätze 2 und 3. Platz 1 steht für die 4, und die Plätze 2 und 3 stehen für die 3. Mit der Zahl 512 verbinde ich die verbreitete Redewendung »Es ist fünf vor zwölf!«. Die 729 kann auch als einfache Additionsaufgabe 7 + 2 = 9 verstanden werden. So mache ich es, aber wenn Sie sich etwas Eigenes ausdenken, können Sie es sich am besten merken.

Probieren Sie die aufgehenden Kubikwurzeln einmal selbst aus. Mit etwas Praxis können Sie die Ergebnisse in Sekundenschnelle finden.

$\sqrt[3]{29\,791} = ?$ $\qquad$ $\sqrt[3]{79\,507} = ?$

$\sqrt[3]{857\,375} = ?$ $\qquad$ $\sqrt[3]{474\,552} = ?$

$\sqrt[3]{125\,000} = ?$ $\qquad$ $\sqrt[3]{287\,496} = ?$

$\sqrt[3]{24\,389} = ?$

Lassen Sie uns jetzt noch einmal einen Sprung machen und die aufgehende fünfte Wurzel aus Zahlen bis zu 10 000 000 000 (10 Milliarden) ziehen. Das wirkt noch spektakulärer – und ist eigentlich noch einfacher.

Wir beginnen mit: $\sqrt[5]{69\,343\,957} = ?$

Um so etwas berechnen zu können, lernen Sie am besten die fünften Potenzen der einstelligen Basiszahlen auswendig.

$1 * 1 * 1 * 1 * 1 = 1$

$2 * 2 * 2 * 2 * 2 = 32$

$3 * 3 * 3 * 3 * 3 = 243$

$4 * 4 * 4 * 4 * 4 = 1\,024$

$5 * 5 * 5 * 5 * 5 = 3\,125$

$6 * 6 * 6 * 6 * 6 = 7\,776$

$7 * 7 * 7 * 7 * 7 = 16\,807$

$8 * 8 * 8 * 8 * 8 = 32\,768$

$9 * 9 * 9 * 9 * 9 = 59\,049$

$10 * 10 * 10 * 10 * 10 = 100\,000$

Schauen Sie sich die fünften Potenzen wiederum etwas genauer an! Betrachten Sie die Basiszahlen und die Einerstellen der fünften Potenzen. Die Einerstellen der Basiszahlen stimmen mit den Einerstellen der fünften Potenzen überein. Das Tolle ist, dass für beliebig große Basiszahlen und die dazugehörigen fünften Potenzen das Gleiche gilt. Mit anderen Worten: Sie können bei der Berechnung der aufgehenden fünften Wurzel ganz einfach die Einerstelle der fünften Potenz abschreiben, und schon haben Sie die Einerstelle der Lösung. Nebenbei haben Sie dadurch auch einen geringeren Gedächtnisaufwand, denn Sie brauchen die Einerstellen der fünften Potenzen nicht mitzulernen, da sie sich einfach wiederholen. Sie brauchen sich nur noch an folgende Assoziationen zu erinnern:

$2 \rightarrow 3$

$3 \rightarrow 24$

$4 \rightarrow 102$

$5 \rightarrow 312$

$6 \rightarrow 777$

$7 \rightarrow 1\,680$

$8 \rightarrow 3\,276$

$9 \rightarrow 5\,904$

Dass $1 * 1 * 1 * 1 * 1 = 1$ und $10 * 10 * 10 * 10 * 10 = 100\,000$ ist, setze ich als bekannt voraus.

Effektiv beträgt der Gedächtnisaufwand nur $1 + 2 + 3 + 3 + 3 + 4 + 4 + 4 = 24$ Ziffern. Etwa so viel wie drei oder vier Telefonnummern. Vielleicht finden Sie auch hier schöne persönliche Assoziationen, so dass Sie sich die fünften Potenzen langfristig merken können.

Kommen wir auf unser Beispiel $\sqrt[5]{69\,343\,957} = ?$ zurück. Die Einerstelle der Aufgabezahl müssen wir nur abschreiben und wissen damit, dass die Einerstelle der Lösung eine 7 ist.

Die Zehnerstelle der Lösung finden wir, indem wir wieder die Aufzugstechnik benutzen. Dafür benötigen wir die Kurz-Aufgabenzahl. Wir erhalten sie in diesem Fall, indem wir die letzten fünf Ziffern der Aufgabenzahl streichen.

In unserem Beispiel ist die Kurz-Aufgabenzahl = 693. Wir suchen die größte Basiszahl, deren fünfte Potenz kleiner als die oder gleich der Kurz-Aufgabenzahl ist. Dafür fahren wir in unserer Vorstellung mit dem Aufzug an den fünften Potenzen vorbei. Wenn wir an der dritten Etage vorbeifahren, sehen wir die Zahl $3 * 3 * 3 * 3 * 3 = 243$. Die zur vierten Etage gehörende Zahl ist mit $4 * 4 * 4 * 4 * 4 = 1\,024$ schon zu groß. Also ist die Zehnerstelle der Lösung eine 3.

Wir haben $\sqrt[5]{69\,343\,957} = 37$ gefunden und die Aufgabe gelöst.

Versuchen wir ein weiteres Beispiel: $\sqrt[5]{3\,939\,040\,643}$ = ?
Die Einerstelle der Lösung ist die 3. Für die Aufzugstechnik benötigen wir die Kurz-Aufgabenzahl. Nachdem wir die letzten fünf Ziffern der Aufgabenzahl gestrichen haben, bleibt 39 390. Wir nehmen den Aufzug und fahren die Etagen hoch. Auf der achten Etage, bei 8 * 8 * 8 * 8 * 8 = 32 768, sind wir schon ganz nah an unserer Zahl dran. Die neunte Etage ist dann bereits zu hoch, weil 59 049 größer als die Kurz-Aufgabenzahl ist. Damit ist die Zehnerstelle der Lösung eine 8. Die Gesamtlösung lautet: $\sqrt[5]{3\,939\,040\,643}$ = 83

Nehmen wir noch ein letztes Beispiel: $\sqrt[5]{2\,219\,006\,624}$ = ?
Die Einerstelle der Lösung ist die 4. Die Kurz-Aufgabenzahl lautet 22 190. Der Aufzug bleibt in der siebten Etage stehen, denn es gilt: 7 * 7 * 7 * 7 * 7 = 16 807 und die achte Etage ist mit 32 768 schon zu hoch. Deshalb haben wir die Lösung: $\sqrt[5]{2\,219\,006\,624}$ = 74

Ich habe mir vorgenommen, die Lösung aufgehender fünfter Wurzeln einem Nicht-Mathe-Fan in maximal 20 Minuten komplett zu vermitteln. Das Memorieren der fünften Potenzen erwies sich als nicht ganz unkompliziert, deshalb habe ich mir eine Vereinfachung überlegt: Anstatt 5 sollte der Bekannte 6 Stellen der Aufgabenzahl streichen, um die Aufgabenzahl-Kurz zu erhalten. Dann sollte er nach unten stehender Tabelle verfahren:

Aufgabenzahl-Kurz		Zehnerstelle
0 bis 2	→	1
≤ 20	→	2
≤ 100	→	3

≤ 300	→	4
≤ 750	→	5
≤ 1 600	→	6
≤ 3 200	→	7
≤ 5 600	→	8
sonst	→	9

Achtung: Hier kann der Fall »Aufgabenzahl-Kurz = 0« eintreten, weil kleine fünfte Potenzen, z. B. $14 * 14 * 14 * 14 * 14 = 537\,824$, sechsstellig sind und alle sechs Stellen gestrichen werden sollen.

Diese Vorgehensweise hat den Vorteil, dass die Hunderttausenderstelle der Aufgabenzahl ignoriert werden kann. Es genügt völlig, auf die Milliardenstelle – falls vorhanden – sowie auf die Millionenstellen zu achten. Der Vergleich mit »runden Zahlen« ist leichter als mit »krummen Zahlen«. Außerdem hat sich der Gedächtnisaufwand halbiert, weil man sich die Nullen der Zahlen der Tabelle nicht extra merken muss. Weiterhin sind die letzten drei Zahlen 1 600, 3 200 und 5 600 alle Vielfache von 800, die dadurch leichter erinnert werden können. Übrigens ist es dem Bekannten hervorragend gelungen, derartige Aufgabenstellungen zu lösen.

Wir rechnen ein Beispiel mit der Tabelle: $\sqrt[5]{2\,887\,174\,368} = ?$ Die Einerstelle der Lösung ist die 8. Nach Streichung der letzten sechs Stellen der Aufgabenzahl erhalten wir Aufgabenzahl-Kurz = 2 887. Weil 2 887 größer als 1 600 und kleiner als 3 200 ist, ergibt sich mit der Tabelle die Zehnerstelle 7. Die Gesamtlösung lautet: 78

Versuchen Sie nun ein paar aufgehende fünfte Wur-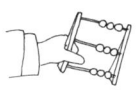
zeln selbst zu lösen.

$$\sqrt[5]{7\,962\,624} = ?$$
$$\sqrt[5]{5\,277\,319\,168} = ?$$
$$\sqrt[5]{371\,293} = ?$$
$$\sqrt[5]{714\,924\,299} = ?$$

11. Auflösungen

Kapitel 2: Einstufungstest

Sie bekommen die Punkte jeweils für das richtige Ergebnis. Es ist also egal, wie Sie gerechnet haben. Der Rechenweg, den ich Ihnen zeige, ist immer nur eine Möglichkeit.

1. Sie erhalten 4,50 € Wechselgeld. *(3 Punkte)*

2. Sie können 5 ganze Packungen für 5 € kaufen *(2 Punkte)*. Ihr Wechselgeld beträgt beim Kauf von 5 Packungen 5 Cent *(2 Punkte)*. Für 24 Gäste müssen Sie 8 Packungen einkaufen *(2 Punkte)*. Diese kosten 7,92 € *(2 Punkte)*.

3. Sie schaffen Ihr Pensum. Sie haben noch 3 Minuten und 20 Sekunden übrig *(4 Punkte)*. Mit dem Brustschwimmen schaffen Sie das Pensum nicht. Ihnen fehlen noch 100 Meter *(4 Punkte)*.

4. Sie könnten den Ausdruck in $10 - 1 - 1 - 1 - 1 - 1 = 5$ vereinfachen. *(3 Punkte)*

5. Sie können den Ausdruck in $10 + 8 + 6 + 4 + 2 = 5 * 6 = 30$ vereinfachen. Sie nehmen die erste Zahl weniger der letzten, die zweite weniger der vorletzten usw. *(4 Punkte)*

6. Die nächsten drei Primzahlen nach 90 sind 97, 101 und 103. *(Für jede richtige Zahl gibt es 2 Punkte.)*

7. Sie können die Aufgabe umschreiben: $25 * 5 + 24 * 5 = 50 * 5 - 5 = 245$. *(4 Punkte)*

8. Die letzte Rate zahlen Sie am 1. Dezember 2014. Das ist in der Zählung der dreißigste Monat. *(3 Punkte. Die Nennung »Dezember 2014« reicht für die 3 Punkte aus.)* Die Höhe der letzten Rate beträgt 19,00 € *(3 Punkte)*, denn 599,00 € – 29 * 20,00 € = 19,00 €.

9. Eine Lösungsmöglichkeit: Sie wissen, dass $248\,000 : 248 = 1\,000$ ergibt. Dann gilt mit dem »Halbierungsprinzip« $124\,000 : 248 = 500$, $62\,000 : 248 = 250$ und $31\,000 : 248 = 125$. Deshalb ist $31\,248 : 248 = 126$. *(8 Punkte)*

10. Weil Sie jede Woche 1 Kilo abnehmen wollen (ergibt nach 6 Wochen oder 42 Tagen 6 Kilo), müssen Sie pro Woche 7\,000 Kalorien oder täglich 1\,000 Kalorien weniger zu sich nehmen. Das wären 1\,200 Kalorien pro Tag. *(4 Punkte)*. Ihre Freundin nimmt täglich 300 Gramm ab (ergibt nach 30 Tagen 9 Kilo). Sie müssten dann 2\,100 Kalorien weniger als 2\,200 Kalorien (= 100 Kalorien) täglich zu sich nehmen. Weil Sie am Tag aber 1\,000 Kalorien essen wollen, müssen Sie 900 Kalorien am Stepper abtrainieren *(4 Punkte)*.

11. Ihre Familie würde regulär $2 * 9,00 €$ und $3 * 4,50 € = 31,50 €$ zahlen. Sie spart mit dem Familienticket 6,50 € *(3 Punkte)*. Am Individualisten-Tag kosten die individuellen Tickets $2 * 6,00 €$ und $3 * 3,00 € = 21,00 €$. Diese sind um 4,00 € günstiger als das normale Familienticket *(3 Punkte)*.

12. Pro 100 Kilometer verbraucht Ihr neuer Wagen 1 Liter Super weniger als der alte. Sie sparen 1,50 €. Um 2 700,00 € einzusparen, müssten Sie die 1 800fache Strecke fahren – ergibt 180 000 Kilometer. Diese Strecke haben Sie nach 5 Jahren zurückgelegt. *(8 Punkte)*

13. 3 Packungen Qualitätstoilettenpapier kosten zum Preis von zweien 5,98 €. Insgesamt haben die 3 Packungen 3 * 10 * 160 = 4 800 Blätter. 4 800 Blätter des Discountartikels kosten 5,64 €. Warum? Weil 24 Rollen je 200 Blatt benötigt werden (ergibt 4 800 Blatt) und jede Rolle 23,5 Cent kostet. Mit dem Discountartikel zahlen Sie 34 Cent weniger. *(8 Punkte)*

14. Sie rechnen 1 000 000 + 4 000 + 3 000 + 12 = 1 007 012. *(4 Punkte)*. Mit der Beziehung 7 * 11 * 13 = 1 001 und 3 * 37 = 111 haben Sie 111 111 = 3 * 7 * 11 * 13 * 37. *(6 Punkte)*

15. Ein möglicher Rechenweg: Die ersten beiden Kaltmieten sind 1 400,00 € – 20,00 €, die letzten beiden 1 600,00 € + 20,00 €. Deshalb beträgt die monatliche Gesamtkaltmiete 3 000,00 €. Weil 15 Jahre 180 Monaten entsprechen, darf der Kaufpreis des Mehrfamilienhauses nicht höher sein als 540 000,00 € *(4 Punkte)*. Wenn Sie 756 000,00 € investiert haben und diesen Betrag nach 15 Jahren wieder heraushaben wollen, müsste die monatliche Gesamtkaltmiete 4 200,00 € betragen. Sie teilen 756 000 durch 180. Mit der neuen Wohnung sind Sie aber erst bei 3 800,00 €, so dass Sie die Restkaltmieten um insgesamt 400,00 € anheben müssen *(6 Punkte)*.

zuerst 1 200 und 1 800 rechnen (Zehnerergänzung der Hunderterstellen, ergibt 3 000 Meter) und dann 900 Meter addieren. Ergebnis: 3 900 Meter. Der Rückweg ist 1 100 Meter länger als der Hinweg. Sie könnten entweder 2 * 3 900 Meter + 1 100 Meter oder zunächst 1 100 Meter + 3 900 Meter rechnen (ergibt mit Zehnerergänzung der Hunderterstellen 5 000 Meter) und dann 3 900 Meter addieren. Damit ist der Gesamtweg 8 900 Meter oder 8,9 km lang.

7. In der Metzgerei runden Sie fürs Rechnen jeweils um 1 Cent auf und ziehen am Ende 8 Cent für die 8 Artikel wieder ab. Demnach fallen für die drei Schaschlikspieße 12 € (3 * 4,00 €), für die beiden Packungen Rostbratwürstchen 5 € (2 * 2,50 €) und für die drei Schnitzel 9 € (3 * 3,00 €) an. Ergibt insgesamt 12 € + 5 € + 9 € = 26 €. Nach Abzug der 8 Cent lautet der Endpreis 25,92 €. Der Kassierer hat sich um 3,00 € vertan.

8. Wenn ich das Gleiche essen und trinken möchte wie meine Freunde, müsste ich 4 * 8,50 € = 2 * 17 € = 34 € für die 4 Hamburger zahlen, dazu 4 * 3,90 € (= 4 * 4,00 € – 40 Cent = 15,60 €) für das Guinness-Bier. Zusammen also 49,60 €. Die nette Bedienung würde dann nur 10 Cent Trinkgeld pro Gast bekommen. Ich müsste mindestens 3,60 € mehr dabeihaben, also insgesamt 53,60 €, um der Kellnerin ein angemessenes Trinkgeld von mindestens einem Euro pro Gast zu geben. Also muss ich auf das Guinness verzichten. Dann bekommt die Bedienung 1 Euro pro Gast Trinkgeld, und 30 Cent bleiben übrig.

9. 256 Kilometer

10. Sandra kann sich noch ein Buch leisten. 47,29 € hatte sie schon ausgegeben. 2,71 € sind noch übrig.

Kapitel 5: Subtrahieren

1. 987 – 876 = 111. Es ist jeweils kein Borgen von der nächsthöheren Stelle erforderlich. 678 – 589 = 89. Hier ist jeweils ein Borgen von der Zehner- und Hunderterstelle erforderlich. 1 111 – 999 = 112. Wieder ist jeweils ein Borgen von der Zehner-, Hunderter- und Tausenderstelle erforderlich.

2. Eine mögliche Lösung ist, zuerst die doppelten Ticketpreise zu addieren, weil Addieren einfacher ist als Subtrahieren. Achterbahn: 14,00 €, Riesenrad: 15,00 €, Geisterbahn: 11,00 €. Mit 1-Euro-Einheiten rechnen Sie: 14 + 15 + 11 = 40. Sie ziehen von 47,52 € 40,00 € ab und erhalten den Restbetrag von 7,52 €. Zwei Crêpes kosten 7,00 €. Sie können Ihren Freund also auch dazu noch einladen. Sie behalten 52 Cent.

3. Wenn Sie einen Betrag zwischen 200,00 € und 1 000,00 € geschätzt haben, haben Sie gut geschätzt. Sinnvoll ist es, mit 100-Euro-Einheiten zu rechnen. Anstelle von 10 000,00 € rechnen Sie mit 100 100-Euro-Einheiten, anstelle von 1 190,00 € mit (geschätzt) 12 100-Euro-Einheiten, anstelle von 3 808,00 € in (geschätzt) 38 100-Euro-Einheiten, anstelle von 2 618,00 € in (geschätzt) 26 100-Euro-Einheiten und anstelle von 1 785,00 € in (geschätzt) 18 100-Euro-Einheiten. Die Rechnung 100 – 12 – 38 – 26 – 18 = 6 ist recht einfach geworden. Ihr Schätzergebnis ergibt 6 100-Euro-Einheiten, also 600,00 €. Das exakte Ergebnis ist 599,00 €.

4. Die Aufgabe lässt sich durch Bildung von Zahlenpaaren vereinfachen: 100 − 99 = 1; 98 − 97 = 1; 96 − 95 = 1; 94 − 93 = 1 und 92 − 91 = 1. Mit der Vereinfachung können wir einfach 1 + 1 + 1 + 1 + 1 = 5 rechnen.

5. Wenn Sie mit der Schätzung erkannt haben, dass Ihnen durch das Einlösen der Wette etwas mehr als der Gesamtgewinn über 1 000 000,00 € verlorengegangen ist, haben Sie sehr gut geschätzt! Für die genaue Berechnung der Summe, die Sie den zehn Leuten zurückzahlen müssen, addieren Sie im ersten Schritt die zehn Beträge von 1 000,00 € für die erste Person bis 512 000,00 € für die zehnte Person. Die Summe beträgt 1 023 000,00 €. Diese Summe ziehen Sie von Ihrem Gewinn ab. Sie stellen fest, dass Ihnen noch 23 000,00 € fehlen, um Ihre Wette auch bei dem Zehnten einlösen zu können. Diese Wette hätte nur Sinn gemacht, wenn Sie die Chance gehabt hätten, mehr als 1 023 000,00 € zu gewinnen.

6. Es sind noch 859,60 € da.

7. Die Null ist zweimal durchgelaufen.

Kapitel 6: Multiplizieren

Für die einfachen Fingermathematik-Aufgaben zwischen 0 und 15 liste ich die Ergebnisse nicht extra auf. Bestimmt haben Sie richtig gerechnet, und falls Sie Ihr Ergebnis doch überprüfen wollen, nehmen Sie bitte einfach den Taschenrechner.

Fingermathematik mit Zahlen zwischen 15 und 25:

Fall 1   Fall 2

21 * 21 = 441   16 * 16 = 256

23 * 23 = 529   18 * 18 = 324

25 * 25 = 625   19 * 19 = 361

24 * 24 = 576   15 * 15 = 225

Aufgaben mit größeren Zahlen:

603 * 184 = 110 952

913 * 739 = 674 707

212 * 212 = 44 944

Aufgaben am Ende des Kapitels:

1. 17 * 81 = 1 377. Alternativ können Sie auch 51 * 27 rechnen, weil 17 * 3 = 51 und 81 : 3 = 27 ist.

2. 123 * 567 = 69.741. Alternativ können Sie auch die leichtere Rechenaufgabe 41 * 1 701 rechnen, weil 123 : 3 = 41 und 567 * 3 = 1 701 ist.

3. 4 356 * 7 821 = 34 068 276.

4. 9 999,00 € * 0,89 = 10 000,00 € * 0,89 − 1,00 € * 0,89 = 8 900,00 € − 0,89 € = 8 899,11 €.

5. Die Bruttoprovision beträgt 1,19 * 15 % = 17,85 %. Die Gesamtbewirtschaftungskosten betragen 32,00 € * 150 = 4 800,00 €. Sie müssen als Auftraggeber an den Eventmanager 4 800,00 € zzgl. 17,85 % von 4 800,00 € (= 856,80 €) zahlen – ergibt insgesamt 5 656,80 €.

6. $23 * 45 * 67 = 1\,035 * 67 = 69\,345.$

7. $3\,456 * 3\,456 = 11\,943\,936.$

8. $56\,723 * 99\,341 = 5\,634\,919\,543.$

9. $11 * 11 * 11 * 11 * 11 = 11 * 121 * 121 = 11 * 14\,641 = 161\,051.$

10. $9 * 11 = 99$ ist um 1 kleiner als $10 * 10 = 100$. Deshalb ist $9 * 10 * 11$ um 10 kleiner als $10 * 10 * 10$. Quadratzahlen können Wegbereiter für Produkte mit ähnlich großen Zahlen sein.

Kapitel 7: Dividieren

Aufgehende Division:
$96 : 3 = 32$
$124 : 2 = 62$
$342 : 6 = 57$
$3\,336 : 8 = 417$

$325 : 25 = 13$
$345 : 15 = 23$
$3\,475 : 25 = 6\,950 : 50 = 13\,900 : 100 = 139$
(Erweiterungsmethode)

$1\,050 : 30 = 35$
$1\,479 : 29 = 51$
$677\,329 : 823 = 823$

$41\,024 : 64 = 20\,512 : 32 = 10\,256 : 16 = 5\,128 : 8 =$
$2\,564 : 4 = 1\,282 : 2 = 641$
(Kürzungsmethode)

Nichtaufgehende Division:
1. $7 : 3 = 2,\overline{3}$
    $23 : 7 = 3,\overline{285714}$
    $111 : 12 = 9,25$
    $437 : 22 = 19,8\overline{63}$
    $1\,789 : 53 \approx 33,75$
    $14\,678 : 112 \approx 131,05$
    $123\,456 : 789 \approx 156,47$
Geringfügige Abweichungen von 0,01 oder weniger sind möglich/erlaubt.

Textaufgaben:
2. $828 - 211 = 617$, $617 : 189 \approx 3,26$

3. Es gibt 180 Besucher, von denen 120 Vollzahler sind. Die Gesamteinnahmen betragen 1 250,00 €. Jeder Besucher zahlt im Durchschnitt 1 250,00 € / 180 ≈ 6,94 € (genau: $6,9\overline{4}$ €.) Teil 2 Zunächst ermitteln wir den vollen Eintrittspreis / ? €. Es gilt mit den Voraussetzungen des Aufgabenanfangs (120 Vollzahler, 25 Studenten und 35 Rentner): $120 * ?\,€ + 25 * \frac{3}{4} * ?\,€ + 35 * \frac{1}{2} * ?\,€ = 156\,\frac{1}{4} * ?\,€ = 1\,250,00\,€$. Also haben wir $625 * ?\,€ = 5\,000,00\,€$ oder ? € = 8,00 €. Die Studenten zahlen 6,00 € und die Rentner 4,00 €. Wenn 220 Rentner im Vorführraum sitzen, gibt es 880,00 € Einnahmen. Für die komplette Bestreitung der Miete fehlen noch 120,00 €. Somit müssen noch mindestens 20 Studenten kommen, oder es dürfen maximal 60 Plätze im Vorführraum frei bleiben.

4. Das zweitbeste Pferd braucht 96 Sekunden $* \frac{33}{32} = 3$ Sekunden $* 33 = 99$ Sekunden und das drittbeste Pferd 99 Sekunden $* \frac{67}{66} = 3$ Sekunden $* \frac{67}{2} = 100{,}5$ Sekunden. Das drittbeste Pferd ist 0,5 Sekunden schneller als das viertbeste.

5. Das durchschnittliche Jahr ist 31 556 926 Sekunden lang. Die durchschnittliche Mondperiode dauert 2 551 500 Sekunden. Das durchschnittliche Jahr hat ca. 12,368 Mondperioden.

6. Die achte Hürde steht auf Position $3 + 7 * 2\frac{1}{2} = 20\frac{1}{2}$. Diese Position ist $\frac{3}{4} * 110$ Meter $- 0{,}5$ Meter $= 82$ Meter vom Startpunkt entfernt. Die Positionen liegen jeweils 82 Meter : $20\frac{1}{2} = 164$ Meter : $41 = 4$ Meter auseinander. Die letzte, also 10. Hürde, steht auf Position $3 + 9 * 2\frac{1}{2} = 25\frac{1}{2}$. Sie ist 102 Meter vom Startpunkt, bzw. 8 Meter – also 2 Positionen – vom Ziel entfernt.

Kapitel 8: Kalenderrechnen

Ermitteln der 7er-Reste von Seite 149: 6, 4, 2, 4, 4, 1, 3, 0

Daten aus dem 20. Jahrhundert:
2. Juli 1935 = Dienstag
22. Oktober 1918 = Dienstag
17. März 1987 = Dienstag
25. August 1948 = Mittwoch
12. Februar 1968 = Montag
28. April 1995 = Freitag
1. Februar 1959 = Sonntag

Daten aus anderen Jahrhunderten:
17. November 2018 = Samstag
11. Januar 1887 = Dienstag
29. September 1648 = Dienstag
1. Februar 2268 = Samstag
30. Mai 2099 = Samstag
13. Juli 2567 = Montag

Kapitel 9: Schätzen

Generell gilt: Die von mir vorgenommenen Schätzungen bilden jeweils nur eine von vielen möglichen Lösungen der Übungen 1 bis 6. Selbstverständlich können Sie Ihre Schätzung auch auf eine andere Art durchführen. Wichtig ist, dass Sie mit Ihrem Ansatz eine Schätzung vorgenommen haben, die eine gute Annäherung an die exakte Lösung darstellt.

1. Gegeben sind folgende Fakten: 60 Sekunden = 1 Minute, 60 Minuten = 1 Stunde, 24 Stunden = 1 Tag und – nach Voraussetzung – 365 Tage = 1 Jahr. Die exakte Lösung ermitteln wir durch eine sukzessive Multiplikation der Zahlen 60, 60, 24 und 365. Diese wollen wir mit einem »?« markieren. Eine mögliche Vorgehensweise der Schätzung sind Vereinfachungen in folgender Reihenfolge:

? = 60 * 60 * 24 * 365

? = 100 * 6 * 6 * 24 * 365 (Nullen »rausziehen«)

? ≈ 100 * 6 * 6 * »Ein Viertel von Hundert« * 350 (24 ist fast »ein Viertel von Hundert«, die letzte Zahl habe ich etwas vereinfacht/verkleinert.)

? = 100 * 100 * 10 * 3 * 3 * 35 (Nullen »rausziehen«, die Zahlen 6 jeweils halbieren, um das »Viertel« rauszubekommen.)
? = 100 000 * 9 * 35 = (1 000 000 − 100 000) * 35 = 35 000 000 − 3 500 000 = 31 500 000 (Ordnen und Vereinfachen)
Die Schätzung ist sehr genau: Die exakte Lösung ist 31 536 000.

2. Faktenlage: Ein Besen ist 1,30 Meter lang. Von New York nach Los Angeles sind es ca. 4 000 km.
Mögliche Vorgehensweise: Schrittweise Vervielfachung der hintereinandergelegten Besen. 1 000 Besen sind 1,3 km lang, 1 000 000 Besen sind 1 300 km lang, und deshalb dürften ca. 3 000 000 Besen reichen, um die Strecke von New York bis Los Angeles abzudecken.

3. Faktenlage: Das Licht braucht im Vakuum pro Sekunde ca. 300 000 km. Für die Überwindung des Durchmessers unserer Galaxis braucht das Licht ca. 90 000 Jahre. Für die mittlere Entfernung zwischen Sonne und Erde (147,6 Mio. km) braucht das Licht 8 Minuten und 12 Sekunden.
Mögliche Vorgehensweise: Der Durchmesser der Galaxis in km ist ungefähr:
? km = Anzahl der Sekunden eines Jahres * 300 000 km * 90 000.
? km = 300 000 km * 30 000 000 * 90 000 (Verwendung der groben Schätzung von ca. 30 000 000 Sekunden für ein Jahr.)
? km = 100 000 km * 10 000 000 * 10 000 * 3 * 3 * 9 (Nullen »rausziehen«)
? km = 10 000 000 000 000 000 km * 9 * 9 (Zusammenfassung der Nullen und 3 * 3 = 9.)

? km = 810 000 000 000 000 000 km (810 Billiarden Kilometer)
Mögliche Vorgehensweise: Die Anzahl der mittleren Sonne-Erde-Abstände (astronomische Einheiten) beträgt:

$$? = \frac{810\,000\,000\,000\,000\,000 \text{ km}}{150\,000\,000 \text{ km}}$$

(Wir benutzen den einfacheren Schätzwert 150 000 000 km.)

$$? = \frac{81\,000\,000\,000}{15}$$

(Im Nenner und Zähler jeweils 7 Nullen streichen und die Einheit km entfernen.)

$$? = \frac{162\,000\,000\,000}{30} = 5\,400\,000\,000$$

(Vereinfachung durch Erweiterung um 2, dann durch 30 teilen.) Der Durchmesser unserer Galaxis beträgt etwa fünfeinhalb Milliarden astronomische Einheiten.

4. Faktenlage: 3,00 € pro Tag. Wie viel Euro sind das in 25 Jahren?

Mögliche Vorgehensweise: Zunächst die Kosten für ein Jahr schätzen: Weil ein Jahr 365 bzw. 366 Tage hat, ergibt sich als Schätzung ein Betrag von ca. 1 100 €. 300 * 3,00 € sind 900 € und 65 * 3,00 € bzw. 66 * 3,00 € ergibt ca. 200 € (Schätzung!). Der Schritt von einem zu 25 Jahren ist recht einfach:

? € = 25 * 1 100 €

? € = 100 * 25 * 11 € (Nullen herausziehen)

? € = 100 * 275 € = 27 500 €. (Multiplikation mit 11: Immer zwei benachbarte Ziffern zusammenfassen. Einerstelle abschreiben (5). Zehnerstelle der Lösung: Einer- und Zehnerstelle addieren (5 + 2 = 7). Hunderterstelle der Lösung: Zehnerstelle abschreiben (2) und gegebenenfalls Übertrag der letzten Ziffer addieren – ist nicht erforderlich, weil der Übertrag 0 war. Die Multiplikation mit 11 ist ein besonders einfacher Spezialfall der Multiplikation.) Der gute Freund »musste« in seinem Leben ohne Zinseszinsen ca. 27 500 € für Zigaretten ausgeben.

5. Faktenlage: Vereinfachen Sie den unübersichtlichen Ausdruck, der Ihre Chance auf den Jackpot darstellt.

$$? = \frac{1 * 2 * 3 * 4 * 5 * 6}{49 * 48 * 47 * 46 * 45 * 44 * 10}$$

Mögliche Vorgehensweise:

$$? = \frac{1 * 3 * 4 * 6}{49 * 48 * 47 * 46 * 45 * 44}$$

(Streichen Sie 2 * 5 im Zähler und 10 im Nenner.)

$$? = \frac{1 * 3}{49 * 2 * 47 * 46 * 45 * 44}$$

(Streichen Sie 4 * 6 im Zähler und ersetzen Sie 48 durch 2 im Nenner.)

$$? \approx \frac{1}{100 * 47 * 46 * 44 * 15}$$

(Streichen Sie 3 im Zähler und ersetzen Sie 45 durch 15 im Nenner. Außerdem ergibt 49 * 2 nahezu Hundert. Schätzung! Die 15 habe ich nach hinten gestellt.)

$$? \approx \frac{1}{100 * \frac{3}{4} * 50 * 50 * 50 * 15}$$

(47 ist um 6 % kleiner als 50, 46 ist um 8 % kleiner als 50, und 44 ist um 12 % kleiner als 50, deshalb ist 47 * 46 * 44 maximal 26 % kleiner bzw. etwa ein $\frac{3}{4}$ von 50 * 50 * 50. Diese letzte Schätzung nenne ich Glätten von Operatoren.)

$$? \approx \frac{1}{100\,000 * 5 * 5 * 5 * 11}$$

(Drei Nullen rausziehen. $\frac{3}{4}$ von 15 ergibt etwa 11. Schätzung!)

$$? \approx \frac{1}{100\,000 * 125 * 11} = \frac{1}{100\,000 * 1\,375} = \frac{1}{137\,500\,000}$$

($5 * 5 * 5 = 125$ können Sie im Kopf ermitteln: $25 * 5 = 20 * 5 + 5 * 5 = 100 + 25 = 125$. Anwendung der einfachen Multiplikation mit 11 ergibt die Einerstelle 5, die Zehnerstelle $2 + 5 = 7$, die Hunderterstelle $1 + 2 = 3$ und die Tausenderstelle 1.) Sie müssen beinahe 140 000 000-mal Lotto spielen, um den Jackpot zu knacken.

6. Faktenlage: Ein Viertel der Strecke muss zu Land (10 000 km) und drei Viertel der Strecke müssen zu Wasser (30 000 km) zurückgelegt werden. Diese Vereinbarung kann als Schätzung aufgefasst werden.

Mögliche Vorgehensweise: Sie denken sich viele Schritte bzw. Schwimmzüge hintereinander: 1 000 Schritte sind ca. 700 Meter, 1 000 000 Schritte etwa 700 km und 10 000 000 Schritte etwa 7 000 km. Addieren Sie jetzt die halbe Schrittzahl dazu, dann kommen Sie auf eine Schätzung von 15 000 000 Schritten. 1 000 Schwimmzüge sind ca. 1 100 Meter, 1 000 000 Schwimmzüge etwa 1 100 km und 10 000 000 Schwimmzüge etwa 11 000 km. Multiplizieren Sie die Schwimmzüge mit 3, dann haben Sie eine passable Schätzung von 30 000 000 Schwimmzügen. Wenn Sie wollen, können Sie ca. 3 000 000 Schwimmzüge abziehen, um Ihre Schätzung zu präzisieren. Um den Äquator komplett zu umrunden, müssten Sie ca. 15 000 000 Schritte und etwa 27 000 000 Schwimmzüge tun.

Kapitel 10: Wurzeln

Aufgehende Quadratwurzeln aus Zahlen bis 10 000:

$\sqrt{484} = 22$	$\sqrt{121} = 11$	$\sqrt{729} = 27$
$\sqrt{676} = 26$	$\sqrt{1\,681} = 41$	$\sqrt{2\,401} = 49$
$\sqrt{4\,489} = 67$	$\sqrt{9\,025} = 95$	$\sqrt{4\,900} = 70$
$\sqrt{3\,969} = 63$	$\sqrt{5\,776} = 76$	$\sqrt{7\,056} = 84$
$\sqrt{9\,604} = 98$	$\sqrt{1\,444} = 38$	

Aufgehende Quadratwurzeln aus Zahlen bis 1 000 000:

$\sqrt{20\,736} = 144$	$\sqrt{22\,801} = 151$	$\sqrt{186\,624} = 432$
$\sqrt{92\,416} = 304$	$\sqrt{288\,369} = 537$	$\sqrt{312\,481} = 559$
$\sqrt{494\,209} = 703$	$\sqrt{633\,616} = 796$	$\sqrt{801\,025} = 895$
$\sqrt{968\,256} = 984$		

Aufgehende Kubikwurzeln aus Zahlen bis 1 000 000:

$\sqrt[3]{29\,791} = 31$	$\sqrt[3]{857\,375} = 95$	$\sqrt[3]{125\,000} = 50$
$\sqrt[3]{24\,389} = 29$	$\sqrt[3]{79\,507} = 43$	$\sqrt[3]{474\,552} = 78$
$\sqrt[3]{287\,496} = 66$		

Aufgehende fünfte Wurzeln aus Zahlen bis 10 000 000 000:

$\sqrt[5]{7\,962\,624} = 24$

$\sqrt[5]{5\,277\,319\,168} = 88$

$\sqrt[5]{371\,293} = 13$

$\sqrt[5]{714\,924\,299} = 59$

Zum Schluss

Dieses Buch enthält absichtlich kaum Formeln. Profis unter meinen Lesern werden sie vielleicht vermisst haben. Aber dieses ist ein Buch für Einsteiger und Wiedereinsteiger. Insofern war es mir wichtiger zu zeigen, dass mit den vorliegenden Aufgaben wirklich jeder rechnen kann, als vor mathematisch vorgebildetem Publikum zu glänzen.

Danke an meine Freunde Tina und Bernhard Wolff, die mich auf die Idee brachten, dieses Buch zu schreiben. An meine Agentin Bettina Querfurth, die für mich einen Verlag gesucht hat und mich während des Schreibens beraten hat. An die Mitarbeiter vom S. Fischer Verlag, insbesondere Sibylle Meyer, für ihr großes Engagement. Sakda Boonto, Willem Bouman, Alberto Coto, Robert Fountain, Rüdiger Gamm, Albrecht Kampf, Jan van Koningsveld, George Lane, Andrew Robertshaw und meine Vorbilder Wim Klein und Hans Eberstark waren und sind für mich immer wieder inspirierende Gesprächspartner. Die Namensliste ist bei weitem nicht vollständig. An dieser Stelle danke ich allen weiteren Personen, die mich mit witzigen und tollen Ideen versorgt haben. Martina Lange-Blank danke ich für ihre Unterstützung während des Schreibens. Meiner verstorbenen Freundin und Mentorin Dr. Ida Fleiß danke ich für die ideelle Unterstützung. Ihr ist dieses Buch gewidmet.

Literaturempfehlungen

Beutelspacher, Albrecht: Mathematik für die Westentasche:
Von Abakus bis Zufall, München 2009

Cerutti, Herbert: Die schwere Geburt der Null, in Neue
Zürcher Zeitung, NZZ Folio 02/02

Fröba, Stephanie und Alfred Wassermann: die bedeutendsten
Mathematiker, Wiesbaden 2007

Ifrah, Georges: Universalgeschichte der Zahlen, Frankfurt
und New York 1991

Kaplan, Robert: Die Geschichte der Null, Frankfurt und New
York 2000

Mania, Hubert: Gauß, Hamburg 2008

Mittring, Gert: Was geht in uns vor, wenn wir rechnen?,
Marburg 2006

Orieux, Jean: Voltaire, Frankfurt 1985

Rochhaus, Peter: Adam Ries, Erfurt 2008

Rullmann, Marit: Philosophinnen, Frankfurt 1998

Russell, Bertrand: Lob des Müßiggangs, Zürich 1989

Sautoy, Marcus du: Die Musik der Primzahlen, München
2004

Seitz, Dorothea J.: Memo Master, Hamburg 2010

Strohmeier, Renate: Lexikon der Naturwissenschaftlerinnen,
Thun und Frankfurt am Main 1998

Wertheim, Margaret: Die Hosen des Pythagoras, Zürich
1998

Wolff, Bernhard: Denken hilft, München 2009

Wußing, Hans und Arnold, Wolfgang: Biographien bedeu-
tender Mathematiker, Köln 1985